职业教育工学一体化课程改革规划教材·老年服务与管理系列

北京劳动保障职业学院国家骨干校建设资助项目

总主编 王建民

适老化居家环境设计与改造

◀ 主　编　王文焕

◀ 副主编　于晓杰　赵　丹　李冠澜

　　　　　朱　婕　程俊飞　蒋　婵

◀ 参　编　许广军　祝　君　梁　明

中国人民大学出版社

·北京·

图书在版编目（CIP）数据

适老化居家环境设计与改造/王文焕主编 . -- 北京：中国人民大学出版社，2020.1
职业教育工学一体化课程改革规划教材 . 老年服务与管理系列
ISBN 978-7-300-27802-5

Ⅰ.①适… Ⅱ.①王… Ⅲ.①老年人住宅－居住环境－环境设计－高等职业教育－教材 Ⅳ.①TU-856

中国版本图书馆 CIP 数据核字（2020）第 004125 号

职业教育工学一体化课程改革规划教材·老年服务与管理系列
北京劳动保障职业学院国家骨干校建设资助项目
总主编　王建民
适老化居家环境设计与改造
主　编　王文焕
副主编　于晓杰　赵　丹　李冠澜
　　　　朱　婕　程俊飞　蒋　婵
参　编　许广军　祝　君　梁　明
Shilaohua Jujia Huanjing Sheji yu Gaizao

出版发行	中国人民大学出版社		
社　　址	北京中关村大街 31 号	邮政编码	100080
电　　话	010-62511242（总编室）		010-62511770（质管部）
	010-82501766（邮购部）		010-62514148（门市部）
	010-62515195（发行公司）		010-62515275（盗版举报）
网　　址	http://www.crup.com.cn		
经　　销	新华书店		
印　　刷	天津中印联印务有限公司		
开　　本	787 mm×1092 mm　1/16	版　　次	2020 年 1 月第 1 版
印　　张	9	印　　次	2024 年 12 月第 7 次印刷
字　　数	238 000	定　　价	29.00 元

北京劳动保障职业学院国家骨干校建设资助项目

编　委　会

贾　真　北京京北职业技术学院

齐玉梅　荆楚理工职业学院

马丽娟　东北师范大学人文学院

许川资　CFU 家庭支持资源中心

杨　萍　北京市华龄颐养精神关怀服务中心

黄文杰　东北师范大学人文学院

刘世文　东北师范大学人文学院

赵　强　北京鹤逸慈老年生活用品有限公司

王红歌　北京鹤逸慈老年生活用品有限公司

苏兰君　北京信息职业技术学院

朱军伟　邢台学院

张　妍　北京劳动保障职业学院

章艳华　淮安信息职业技术学院

杨爱春　北京诚和敬投资有限责任公司

崔文一　北京英智康复医院

韩艳萍　东北师范大学人文学院

付　玉　东北师范大学人文学院

惠普科　北京劳动保障职业学院

弓永钦　北京劳动保障职业学院

雷　雨　重庆城市管理职业学院

刘　琼　北京京北职业技术学院

王　允　大连职业技术学院

曲　波　东北师范大学人文学院

王鹏云　中国科学院心理研究所

陈捷文　甘家口社区卫生服务中心

肖品园　北京京北职业技术学院

邢　媛　北京鹤逸慈老年生活用品有限公司

程俊飞　北京无障碍设施中心

欧阳青　禄祥源（北京）科技发展有限公司

薛　齐　北京劳动保障职业学院

张　洁　用友新道科技有限公司

肖三喜　北京市海淀区职工大学

贾金凤　北京市朝阳区寸草春晖养老院

王艳蕊　北京市乐龄老年社会工作服务中心

尚振坤　北京市第一社会福利院

郝莹莹　甘家口社区卫生服务中心

徐海峰　北京劳动保障职业学院

张艳宁　临沂职业学院

总　序

中国的老龄化形势日趋严峻，养老服务人才严重短缺，为了加快养老服务人才培养的步伐，北京劳动保障职业学院与同类院校、行业企业专家共同编写的国内首套"老年服务与管理"专业系列教材终于出版了。作为整个系列教材立项的支持者和编写过程的见证者，我感到无比兴奋与欣慰。

第一，本套教材的推出是促进专业发展的"及时雨"。我国老龄人口数已经突破两亿，老龄社会已经快速到来，老年服务业开始成为"夕阳事业中的朝阳产业"，老年服务人才已经成为老年服务企业竞相争抢的对象。面对老年服务产业人才短缺现状，不少具有战略眼光的高职和中职院校纷纷开设老年服务类专业。然而，教材的短缺已经成为制约专业教学发展的重要瓶颈之一。在此时推出本套教材可谓"好雨知时节""久旱逢甘霖"，某种程度上可以说填补了国内空白，相信一定会很好地满足老年服务类专业教学的迫切需要，发挥其应有的作用。

第二，本套教材是真正以能力为导向的项目化教材。项目化教材是"坚持能力为重"的最好体现。《国家中长期教育改革和发展规划纲要（2010—2020年）》关于"坚持能力为重"是这样论述的："坚持能力为重。优化知识结构，丰富社会实践，强化能力培养。着力提高学生的学习能力、实践能力、创新能力，教育学生学会知识技能，学会动手动脑，学会生存生活，学会做人做事，促进学生主动适应社会，开创美好未来。"职业教育改革的实践证明，能力不是教师"讲"出来的，不是学生"听"出来的，能力是靠学生自己动手、动脑"练"出来的，而项目和任务是训练能力的最好载体。参与教材编写的专家和老师们高度认同这些观念，所以，本套教材打破了传统的"知识体系"，确立了现代职业的"能力体系"；改变了惯常的"章节"编写体例，创建了以项目和任务贯穿始终的新体例。教材中的每一个项目和任务都不是孤立存在的，而是根据具体的工作情境设计出来的。因此，这是一套真正意义上坚持能力导向的项目化教材。使用本套教材的学生，一定会成为学习的真正主体，在教师的引导下，靠项目和任务的驱动去学习知识、创新方法，在完成一系列项目和任务的过程中提高分析问题和解决问题的能力。

第三，本套教材是学校、企业、行业多方合作的成果。《教育部关于全面提高高等职业教育教学质量的若干意见》（教高〔2006〕16号）中明确提出："与行业企业共同开发紧密结合生产实际的实训教材，并确保优质教材进课堂。"在本套教材的编者中，既有企业一线的业务骨干和管理者，又有养老行业的知名专家。企业的业务骨干和管理者贡献他们的实践经验，为教材提供真实的案例；行业专家发挥他们的战略思维优势，为教材开发指明方向。教材中涉及的学习项目和典型工作任务都是专业教师、行业专家、企业业务骨干和管理者一起从实际工作中提取出来的，切合实际，便于教与学。

　　第四，本套教材是国家骨干校建设结出的硕果。北京劳动保障职业学院 2011 年被评为国家骨干高职建设院校，其中项目化课程改革是国家骨干校建设的一项重要内容。"三年磨一剑"，经过三年的艰苦努力，学院不仅在办学硬件方面提升了一个档次，而且在专业建设方面也打磨出了一批精品专业。其中"老年服务与管理"专业已成为学院的品牌专业，在北京市乃至全国高职院校中都享有一定的知名度。该专业的所有核心课程都完成了项目化课程改革，并随之产生了相应的项目化校本教材。有观念的改变和课程改革经验的积累，才能编出优秀的教材，从这个意义上讲，本套教材的产生是国家骨干校建设结出的硕果。

　　本套系列教材共 16 本，几乎涵盖了"老年服务与管理"专业所有专业基础课和专业核心课，这是一项浩大的工程。我为北京劳动保障职业学院专业教师的勇气和能力感到骄傲，为多位行业、企业专家能够积极参与到教材编写中来而深深感动。祝愿这套系列教材能为全国有志于为老年事业服务和奉献的同行们提供教学和培训参考，促进中国老年事业的健康发展！

北京劳动保障职业学院院长、教授　**李继延博士**

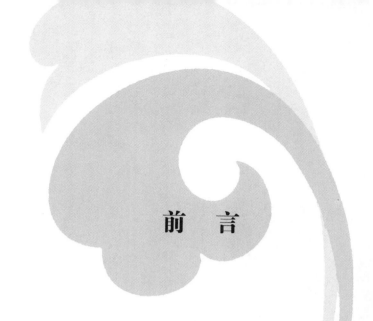

前　言

　　众所周知，我国的老龄化形势日趋严峻，如何让老年人安全舒适地度过晚年生活，成为全社会共同关注的课题。而年龄的增长大多伴随身体机能的下降，老年人对居住环境也随之产生了新的要求。居住环境的不适老可能会给老年人带来很多困扰甚至危害，如在很多没有电梯的老旧小区，居住在高层的腿脚活动不便的老人可能长时间无法出门；地面存在高差或不防滑可能造成老年人摔倒；等等。因此，如何为老年人设计适宜的居住环境，如何对现有的居住环境进行改造成为重要的为老服务内容。

　　目前，很多建筑公司、室内设计公司、家具制造公司等陆续开展了相关的服务，但是大多属于摸着石头过河，适老环境设计与改造方面的专业人才非常缺乏，相关的教育培训师资及教材也非常有限。因此，老年服务与管理专业作为培养为老服务专门人才的职业教育专业，义不容辞地要承担起该任务。

　　本教材深入贯彻党的二十大精神，以习近平总书记关于职业教育和教材工作的指导意见为导向，落实以人民为中心的发展思想，积极应对人口老龄化国家战略，发展养老事业和养老产业，力求成为适应时代要求的精品教材。

　　本书的编写人员由校企共同组成，其中项目一由北京京北职业技术学院的赵丹老师编写；项目二中的任务一、任务二和任务六由北京劳动保障职业学院的王文焕编写，任务三由北京劳动保障职业学院的李冠澜老师编写，任务四和任务五由辽阳职业技术学院的于晓杰老师、许广军老师和祝君老师编写；项目三由北京佳莱康健康科技有限公司蒋婵总经理编写；项目四由北京林业大学朱婕老师及研究生梁明、北京无障碍中心程俊飞总经理共同编写。全书由王文焕老师担任主编并进行统稿。本教材在编写过程中根据使用者的特点，遵循图文并茂、有趣有用的原则，并适应项目导向、任务驱动的教学需求，从编写体例等方面进行了创新，非常适用于高职教学及社会培训。

　　由于该领域尚处于起步阶段，各位编写者本身也处于学习摸索阶段，相关的参考资料较少，本书的编写过程非常艰难，从构思到成稿，经历了将近五年的时间。感谢各位编者的辛勤付出，感谢北京劳动保障职业学院工商系王建民主任对编写体例等的指导，感谢北京宜居康和养老服务有限公司创始人姚琪提供的案例。本书在编写过程中还参考了清华大学周燕珉教授等的相关资料，在此一并感谢！同时，如有不足之处，敬请指正！

王文焕

目 录

项 目 一

适老化居家环境设计
与改造的重要性

学习
目标

知识目标

1. 了解适老化的相关概念、基本内涵和发展现状；
2. 掌握适老建筑与居家环境的设计目标；
3. 掌握适老建筑与居家环境的设计原则；
4. 了解《老年人居住建筑设计规范》（GB 50340－2016）的相关规定。

能力目标

1. 能够理解和运用无障碍设计、通用设计、适老化设计等；
2. 能够根据适老建筑的设计原则对老年人建筑和居家环境进行初步评估和改造设计；
3. 能够根据老年人生理特征和心理特点提炼出其对居住环境的需求。

素养目标

1. 培养在老年人建筑居家环境设计中主动进行适老化改造的专业意识；
2. 能够形成"以人为本"的居家环境设计思想，致力于切实解决老年人的实际需求。

随着我国老龄化社会的发展，越来越多的老年人有居住环境空间改造的需求。张奶奶是一位年近80岁的独居老年人，家里套内建筑面积77m²，想要设计师对其居住环境进行适老化改造。她希望独立自主地生活，喜欢自己洗衣服、做饭。老年人略有洁癖，不喜欢家具太多以免影响她进行卫生清洁。她喜欢忙完家务后在阳光下休息。张奶奶腿脚已有些不便，不久后可能会乘坐轮椅。中部走廊狭窄曲折，卫生间较小，目前不能满足轮椅的使用需求。

结合张奶奶的需求设计师主要进行了以下改造（见图1-1）：

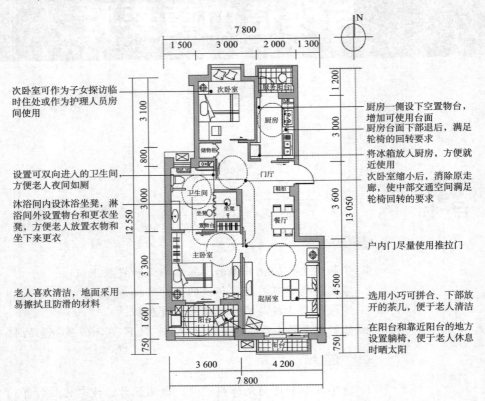

图1-1 改造案例平面图（单位：mm）

（1）缩小次卧室，扩大中部交通空间，消除狭窄曲折的走廊，方便各空间的联系。

（2）缩小主卧室，扩大卫生间。卫生间增设淋浴间，做到干湿分离。

（3）卫生间直接向主卧室开门，形成洄游空间，便于老年人夜间如厕。

任务一

适老化的居家环境认知

随着全球老龄化趋势的日渐发展，老龄化带来的各种问题对整个社会提出了巨大的挑战。从建筑与居住环境方面进行适老化设计，可以为老年人生活带来便利，提高其生活质量，使其安享晚年。鉴于此，本任务的重点是让学生充分理解、掌握适老化居家环境的概念、内涵，以及国内外适老建筑与环境设计方面的发展状况、适老建筑与环境的设计目标与原则，为以后任务的学习作好铺垫。

任务描述

请根据情境导入思考以下问题：

（1）找出上述案例中应用到的适老建筑与环境设计的原则，并在图旁标注（至少 3 条）。

1) _____

2) _____

3) _____

4) _____

5) _____

（2）观察自己家中是否有需要适老化居家改造的地方，请举例说明并提出改善意见。

1) _____

2) _____

3) _____

4) _____

5) _____

相关 知识

我国作为老龄人口大国，在老龄化带来的诸多问题中，老年人的居住问题成为社会关注的首要问题之一。为老年人提供安全、舒适的居住环境是解决养老问题的重要方面，因此适老型建筑应运而生。

一、适老型建筑相关概念

（一）适老建筑

对于适老建筑，国内外尚无明确定义，但简而言之，适老建筑与普通建筑相比，增加了诸多便利老年人日常生活的体贴设计。同时，这样的体贴设计对年轻人而言也同样便利实用，并可通过预留空间为今后即将有老年人入住提供改造上的便利。智能老年公寓的基本要素如图1-2所示。

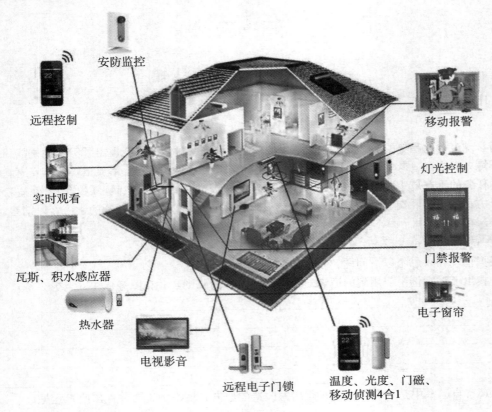

安防监控

远程控制

实时观看

瓦斯、积水感应器

热水器

电视影音

远程电子门锁

温度、光度、门磁、
移动侦测4合1

移动报警

灯光控制

门禁报警

电子窗帘

图1-2　智能老年公寓的基本要素

（二）环境适老化

环境适老化是一个多维度、跨学科、系统化的概念。综合护理学、康复学、建筑学及社会学等多学科观点，可将"环境适老化"定义为环境与老年人能力相匹配，能满足老年人个性化的生理、心理及社会需求，具有安全性、舒适性、便利性。

（三）适老化设计

适老化设计是指在住宅中，或在商场、医院、学校等公共建筑中充分考虑到老年人的身体机能及行动特点，做出相应的设计，包括实现无障碍设计、引入急救系统等，以满足已经进入老年生活或以后将进入老年生活的人群的生活及出行需求。适老化设计将使建筑更加人性化，适用性更强。

适老化设计应坚持"以老年人为本"的设计理念，从老年人的视角出发，切实感受老年人的不同需求，从而设计出适应老年人生理以及心理需求的建筑及室内空间环境，最大限度地帮助这些随着年龄衰老出现身体机能衰退，甚至是功能障碍的老年人，为他们的日常生活和出行提供方便。适老建筑周边环境要求如图1-3所示。

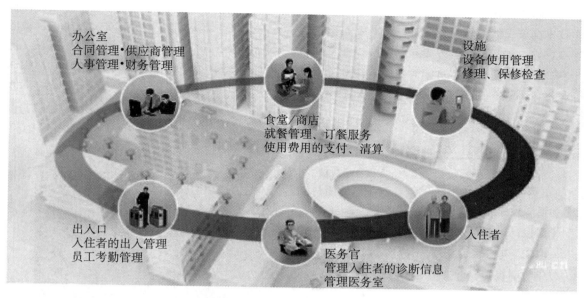

办公室
合同管理·供应商管理
人事管理·财务管理

设施
设备使用管理
修理、保修检查

食堂/商店
就餐管理、订餐服务
使用费用的支付、清算

出入口
入住者的出入管理
员工考勤管理

医务官
管理入住者的诊断信息
管理医务室

入住者

图 1-3 适老建筑周边环境要求

（四）通用设计

通用设计的基本定义是由美国设计师 Ron Mace 在 1988 年提出的。通用设计又名全民设计、全方位设计或是通用化设计，作为一种设计活动，通用设计是指对于产品的设计和环境的考虑尽最大可能面向所有的使用者的一种创造设计活动。而作为一种设计成果，它指无须改良或特别设计就能为所有人使用的产品、环境及通信。它所传达的意思是：能被失能者所使用，就能被所有的人使用。通用设计的核心思想是：把所有人都看成是程度不同的能力障碍者，即人的能力是有限的，不同的人具有的能力不同，同一个人在不同环境具有的能力也不同。

通用设计是不同年龄、不同能力的人都能够方便使用的产品或建筑设计。1997 年，美国北卡罗来纳州立大学的通用设计中心制定了七项通用设计基本原则，包括：（1）平等利用；（2）广泛适用；（3）操作简单、容易理解；（4）标识醒目、方便传达；（5）弥补疏忽；（6）减少身体负担；（7）容易接近和使用。

（五）无障碍设计

无障碍设计是指为保障残疾人、老年人、伤病人、儿童和其他社会成员的通行安全和便利、信息交流便利，在道路、公共建筑、居住建筑和居住区等建设工程中配套建设的服务设施及信息交流设备。无障碍环境包括无障碍物质环境、无障碍信息和交流环境。无障碍物质环境是指城市道路、公共建筑物和居住区的规划、设计、建设应方便残疾人、老年人、伤病人、儿童和其他人员通行和使用，如城市道路应方便坐轮椅者、挂拐杖者和视力残疾人通行；建筑物应在出入口、地面、电梯、扶手、厕所、房间、柜台等处使用相应设施方便残疾人通行。无障碍信息和交流环境是指公共传媒应使听力、语言和视力残疾者能够无障碍地获得信息，进行交流，如影视作品、电视节目的字幕和解说，电视手语，盲人有声读物、盲文、大字印刷，方便盲人、聋人使用的网络、电子信息和辅助设备、技术等。

无障碍设计这个名称始见于 1974 年，是联合国组织提出的设计新主张。无障碍设计强调在科学技术高度发展的现代社会，一切有关人类衣食住行的公共空间环境以及各类建筑设施、设备的规划设计，都必须充分考虑具有不同程度生理伤残缺陷者和正常活动能力衰退者（如残疾人、老年人）的使用需求，配备能够满足这些需求的服务功能与装置，营造一个充满爱与关怀、切实保障人类安全、方便、舒适的现代生活环境。图 1-4 即为无障碍设计在老年居家环境设计中的运用。

图 1-4　无障碍设计在老年居家环境设计中的运用

二、国内外养老居住发展现状

（一）发达国家探索养老居住模式的历程

随着对老年问题认识的逐步深化，发达国家在构建养老居住模式的探索上也不断进行变革，主要反映在不同时期的居住建筑法规针对老年人的居住要求而进行的变革，以及养老居住建筑建设方向的变化。

随着老龄人口比例的上升，发达国家针对老年人的居住建筑法规经历了由起初的针对高龄、病残老年人的住房改造和老年住宅建设，转为促进普通住宅的无障碍化，以及建设带有护理服务功能的老年居住建筑的历程。表 1-1 列出了部分发达国家政策的变化过程。

表 1-1　部分发达国家政策的变化过程

国家	年份	老年比例（＞65 岁）	老年建筑
瑞典	1950	10%	养老院
	1975	15%	普通住宅及公共建筑的无障碍化

续表

国家	年份	老年比例（>65岁）	老年建筑
美国	1956	8%	修改住宅法，建老年人住宅
	1990	13%	制定《集合住宅服务法》，建造具备护理服务功能的集合住宅
日本	1964	7%	优先向老年人家庭提供租金低廉的公营住宅
	1987	11%	开始实施"银发住宅"工程，提供具备护理服务功能的老年人专门住宅
	1991	13%	开始要求普通住宅的无障碍化和适老化

老年建筑的设计方向也有所改变。针对老年人的居住需求，发达国家经历了从对老年人居住住宅的设计改造到要求所有居住建筑都进行适老化设计的普适化过程，在养老居住建筑的设计方向上也经历了医院养老→机构养老→居家养老的转变过程。

2004年，美国北卡罗来纳州立大学的通用设计中心制定了《通用住宅设计》（Universal Design in House）。这是一个以通用设计思想为基础，依据美国残疾人法案（ADA）的相关规定，服务于包括健康成年人、残疾人、老年人和儿童等在内的所有人的普通住宅设计标准。它倡导设计的住宅和环境不带有特定性和专有性，可以被尽可能多的人使用而不论居住者年龄、体格、机能等条件如何。这同"居家养老"所要求的住宅应能"适应人一生的居住需求"的思想是一致的。

日本较早地进入了老龄化社会，经历了养老机构养老→社区养老→居家养老的发展历程。而这主要是与日本居家服务的发展同步，老年人在家里就可以享受各种服务，如生活服务、居家疗养指导（医生上门诊断、治疗）、上门帮助康复、住房改装等，并可享受保险保障。这样做的目的之一是减轻家庭负担、强化家庭关系，所以在日本实现居家养老并不难。

（二）我国老龄化与适老化的问题

我国进入老龄化社会较晚，国外尤其是美国、日本等国家早就开始研究老年居住问题，并取得了一些成果，这些研究结果可以结合中国国情加以运用，从而为我国的老龄化难题找出解决办法。

我国社会养老服务体系仍处于起步阶段，还存在与新形势、新任务、新需求不相适应的问题，主要表现在资源配置不合理、政府投资不足、民间投资规模有限等方面。我国政府确定了"以居家养老为基础，社区养老为依托，机构养老为支撑"的养老居住政策，同时提出了"9073"的养老居住格局，即90%的老年人在社会化服务的协助下通过家庭照顾养老，7%的老年人通过购买社区照顾服务养老，3%的老年人入住养老服务机构养老。在相当长的一段时期内，老年人养老方式仍以居家养老为主。针对这种情况就需要研究"在宅养老"的居住要求——一种既能满足老年人身体机能退化的需求，又不会太影响年轻人，还可以使老年人不用离开自己熟悉的生活环境的居住设计。

1. 我国严峻的老龄化国情

我国已于2000年正式步入老龄化国家行列，主要表现为以下特点：（1）老龄人口多。据联合国预测，21世纪上半叶，我国将一直是世界上老年人口最多的国家。21世纪下半叶，我国将是仅次于印度的第二老年人口大国。2018年我国60岁及以上高龄人口已达到2.49亿人，预计2050年将达到4.34亿人。从我国人口结构变化的趋势中可以看到未来老年人口占总人口的比例将越来越高。面对庞大的老年人群，我国需要建立一套普适化的养老居住模式。（2）老龄化增速快。我国属于世界上老龄化增速最快的国家之一。从步入老龄化国家到成为老龄化国家，预计这一过程我国只需 26 年。(3) 高龄老年人群体庞大。预计到 2050 年，80 岁以上的高龄人口将占老年人口的 23%，达 9 400 多万人。高龄老年人由于身体机能弱，往往需要更多的医疗服务和生活照护，这将对我国有限的医疗和养老服务力量提出巨大的挑战。(4) 多数老年人未富先老。发达国家基本上是在完成工业化、城市化的条件下进入老龄化社会的。然而我国目前尚属发展中国家，处在工业化和城市化的中期阶段，人均国内生产总值世界排名还很靠后，多数老年人及其家庭"未富先老"。这将在很大程度上决定我国解决各类养老问题的思路和方法。(5) 地区分布不均。我国老龄化水平呈现农村高于城市、东部高于西部的现象，部分大城市如北京、上海等老龄化比例远高于全国。

2. 符合我国国情的老年居住政策

根据我国的老龄化国情，老年居住政策应符合当前经济发展水平、符合我国老龄化特点、符合老年人的意愿。

虽然居家养老符合我国的基本国情，也符合老年人的选择意愿，国家也采取了一些措施，比如开展社区小饭桌、下社区进行居家养老的培训，但当下居家养老仍面临着许多亟待解决的问题：(1) 传统的养老照料模式正在转变，尤其受计划生育政策和人口流动性增加等综合因素的影响，出现了"4-2-1"结构式的家庭、空巢老年人等情况；此外，人们的居住理念也发生了改变，近邻分离式的居住模式较受欢迎，因此在居家设计时要多考虑老年人居家生活对硬件的要求。(2) 普适化的老年建筑稀缺，老年人居住的房子多是普通住房，没有电梯，甚至室内还有台阶，为老年人的生活带来很多不便，并且也不容易改造。(3) 社区配套设施不健全，尤其是一些上门服务如协助洗澡、送餐、清洁房间等没有统一的标准，从业人员紧缺，所以应建立完善的养老服务体系。如图 1-5 所示的"在宅养老"模式城市居住环境体系，为实现老年人居家养老提供了便利。

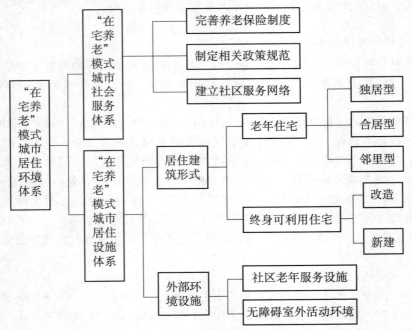

图 1-5 "在宅养老"模式城市居住环境体系

资料来源：周典，周若祁. 构筑老龄化社会的居住环境体系. 建筑学报，2006（10）.

三、适老建筑的发展意义

解决老龄化问题是涉及政治、经济、文化和社会诸多方面的十分复杂的社会系统工程和重点课题，牵动着整个社会结构体系的各个层面。根据我国实际情况、借鉴其他国家的经验，我国确定了"以居家养老为基础"的养老居住政策。随着老年人口的增加，建设一个安全、舒适的养老居住环境成为当务之急，适老建筑的建设对实现居家养老具有重要的意义。

（1）设计切实适合、满足老年人需求的居住环境，才能更好地使老年人安度晚年，提高生活质量。

（2）根据不同老年人的实际需要，机构养老也是一种重要的养老模式。无论何种养老模式，符合适老建筑要求的建筑建设才是其中最重要的，它们使老年人的生活环境更加安全、更加舒适，能提高老年人的生活质量。

（3）整个社会的支持是发展适老建筑的环境保证，关注老年人的生活质量和居住形式是社会进步乃至稳定的必然要求，需要政府、企业、建筑师、规划设计师、老年学家等多方面的通力合作和平衡协调，需要全社会各行各业的支持和各种法律、制度的保障，从而推动人人都将受益的适老建筑产业。只有全社会各方面共同关注，才能使适老建筑真正满足老年人的要求，才能实现真正的老年人生活"无障碍"。

三、适老建筑与居家环境的设计目标

1982 年维也纳老龄问题世界大会报告指出：老年人精神状态好坏与住宅和环境直接相关。《2002 年马德里老龄问题国际行动计划》则进一步指出：老年人住宅和环境关系着他们生活的方便与安全以及心理和生理健康。

根据民政部印发的《2018 年民政事业发展统计公报》，截止到 2018 年年底，我国 60 周岁及以上老年人口逾 2.4 亿，占总人口的 17.9%。在我国，老年人更喜欢在家中安享晚年，与儿孙在一起尽享天伦之乐。由于儿女不能经常在家陪伴老年人，大多数时间是老年人在家独处，这种养老模式经常出现问题，如老年人在家中发生磕碰、摔倒，需要紧急救助等；由于缺少相应的辅助设施、医疗部门协助等，常会发生一些不必要的伤害，这些都冲击着每一个有老年人家庭的神经。适老建筑应如何设计以适应老龄化社会，满足老年人的住房生活需求，已成为我们所面临的迫切需要考虑和解决的问题。

《老年人居住建筑设计规范》（GB 50340－2016）规定：老年人照料设施建筑设计应符合老年人生理、心理特点，保护老年人隐私和尊严，保证老年人基本生活质量；适应运营模式，保证照料服务有效开展。

我国传统的养老模式以居家养老为主，设施养老为辅。目前，随着社会文明进步，家庭养老社会化趋向明显，同时，社会养老强调以人为本，为老年人提供家庭式服务。针对这种养老模式的要求，适老建筑的设计应充分考虑早期发挥健康老年人的自理能力，日后为方便护理老年人留有余地，应该让真正的养老变成社区中必不可少的一部分，提出"适老化设计"的概念，在城镇化背景下以"适老化"概念去进行设计。

适老建筑与环境的设计目标不能仅仅是设计一个老年社区，而是要打造出一个新型的复合型居

住社区，让老年人在社区中不仅自在快乐地生活，还能够更加有尊严、有成就感，可以挥洒活力，发挥余热。因此在具体设计中，不仅要提出"适老化设计"的概念，还应该尽可能地营造出更多服务老年人的元素。

关注老年人住宅建筑设计主要是为了能够最大限度地保证老年人自理、自立、有尊严地生活，以提高老年人的生活质量。如图1-6所示的老年住宅，既有专用老年住宅，也有混合住宅。

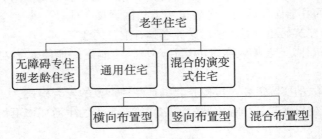

图1-6 老年住宅

资料来源：王晓敏. 新型在宅养老模式的城市住宅设计研究. 西安：西安建筑科技大学，2008.

四、适老建筑与居家环境的设计原则

适老建筑在我国属于起步阶段，没有成熟的建筑模式与规程，目前的建筑在设计上很难适应老年人的身体条件和生活习惯，给老年人的行动带来很多不便，甚至会导致老年人在居家生活中发生意外，使老年人身体状况恶化。对适老建筑的设计不应仅仅局限于精装修和家居产品的配置，还应包括住区规划、住宅设计、节能技术以及工业化装配技术等，以及住区适老配套、室外适老措施、住宅适老改造、全功能空间适老、适老部品配置、老年人健康生活保证等方面。

适老化居家环境设计要考虑到老年人生活的方方面面，包括出入口、室内活动、如厕、洗澡、修饰、休息、备餐/进餐、洗衣、配套环境等老年人居家环境的设计。适老化居家环境的设计原则如下。

（一）以老年人为本的原则

适老建筑的使用主体是老年人，因此，应树立以老年人为核心的设计思想。由于生理机能的老化和心理状态的转变，老年人对住区形式、居住方式和居住心理环境的要求异于普通人。适老建筑设计应当充分考虑到老年人体能、心态的变化，以及自理老年人、介助老年人和介护老年人的不同需求，本着一切为了老年人、一切方便老年人的以老年人为本的原则，实行人性化设计，从根本上减少或消除安全隐患，方便老年人生活，为老年人营造一个安全、舒适、方便的居住环境。

一般老年人可大致分为三类，见表1-2。

表1-2 老年人群分类

类型	进入老年后的特点
脱离社会角色型	不再承担社会的特定角色，如退休后在家赋闲
转换社会角色型	虽不再充当原有社会角色，但会积极寻找新的社会角色来充实自己
坚持社会角色型	会仍旧坚持原有社会角色

　　根据以上三类老年人的不同状态，在对老年人的生活方式、习惯、爱好、心理和生活等这些微妙的变化因素进行充分考虑后，结合设计方法，再创造出使老年人能健康、安全、方便、舒适地生活并能培育、发展其才华的居住环境，从而最大程度地满足老年人的各种需求。

　　在建筑形象上，采用严谨的建筑布局风格，使用现代简洁的建筑材料，并且融入中式建筑的某些装饰符号，如灰砖墙、花格窗、亭子、古廊亭等，以现代的方式加以简化表达，既典雅大方，又朴实简洁。在整体规整规划中，适当灵活布置局部空间，力求创造出和谐的建筑氛围。

（二）无障碍设计原则

　　随着增龄衰老，老年人都会出现不同程度的功能障碍，甚至残疾。为防止老年人因设计的缺陷而发生跌倒摔伤等意外，保持、促进老年人身体健康，适老建筑必须考虑无障碍设计。无障碍设计主要应考虑老年人移动、听觉和视觉障碍，对应到建筑中，即应考虑到在建筑物的出入口、地面、电梯、扶手、卫生间等部位设置相应设施方便老年人出入，如将建筑出入口面积加大、有高差部位建成坡道、楼梯踏步沿口做成圆角、适当放宽各种指标等，保证老年人的身体安全和行动便捷。另外，从建筑环境心理学的角度来看，老年人一般都比较敏感，容易产生孤独感和被抛弃的消极心理，因此，在适老建筑的设计中，应注意保持室内宽敞明亮、富有生活气息，结合室外环境的塑造，使老年人可居、可游、心情愉悦，达到"心理无障碍"的目标。

（三）安全性设计原则

　　安全性对每个人来说都是最重要的。"安全性"适老建筑与环境应具备以下5个特征。

　　1. 易于识别

　　视觉、听觉等标志应具有明确现实性，图1-7中老年人房间门口橱窗里放有老照片，比门牌号更方便老年人辨认。

　　2. 易于控制和选择

　　考虑高龄者伸展、操作等使用的方便性。

　　3. 易于到达

　　考虑建筑物、设施、活动场所等的可及性。

　　4. 易于交往

　　无干扰、无噪声，设置一些有利于交往的场所。

　　5. 无障碍性

　　防止碰撞、跌倒、翻落等意外事故的发生。

　　住宅饰面材料和地面材料的选择应有利于老年人活动的安全。老年人骨折大部分发生在室内，且大都在卫生间、厨房、浴室、楼梯，如果把居住环境中的障碍物去除，特别是对四处重点加以改造，老年人的生活自理能力和社会活动能力都会大大提高。因此，在消除地面高差的同时，避免房间内出现尖锐角、突出物，墙面选用防止老年人擦伤、磕碰的材料，同时采用防滑材料铺地，及时消除地面上的油污和油渍，选用止滑度高的材料，对材料表面做特殊处理，能够有效减少事故的发生。如图1-8中地面采用了防滑材料；图1-9中的洗手池也做了特殊设计，方便使用轮椅的老年人。

　　另外，以燃气为燃料的厨房、公用厨房，应设燃气泄漏报警装置，宜采用户外报警式，将蜂鸣器安装在户门外或管理室等易被他人听到的部位。居室、浴室、厕所应设紧急报警求助按钮，如图1-10所示。床头应设呼叫信号装置，呼叫信号直接送至管理室。有条件时，老年人住宅和老年人公寓中宜设生活节奏异常的感应装置。

图1-7 门口便于辨认的橱窗设计

图1-8 防滑地板

图1-9 卫生间的洗手池和地面设计

（四）舒适性设计原则

适老建筑应选择在采光通风好的地段，应保证主要居室有良好的朝向，冬至日满窗日照不宜小于2小时，室外宜有开阔的视野和优美的环境。

老年人一般都喜欢宁静，怕吵，因此应特别注重室内环境的隔声要求和噪声控制。允许噪声级不应大于45分贝，空气隔声不应小于50分贝，撞击声不应大于75分贝。

在绿化设计上，要有充足的绿化，植物配置充分考虑四季季相变化，常绿与色叶树种相互搭

图 1 - 10　浴室报警装置

配，使老年人可以充分享受自然之美。

在环境设施上，环境设施的舒适性设计主要体现在细节上，如有台阶的地方应设置扶手，扶手的材质应为木质或其他环保材料，增加老年人的舒适程度。在道路两旁、景观环境的周围以及休息园区内，应多设置一些座椅，解决老年人因体能下降而产生的不能长久站立等问题。座椅应尽量减少石材座椅，增加木质座椅。为了更好地消除老年人的孤单感和压力，应多创造一些便于交往的空间和坐憩空间，方便大家相聚、聊天、娱乐和健身，满足他们因心理和生理上的变化而产生的对空间环境的特殊要求。

（五）弥补性设计原则

弥补性设计原则是针对老年人、残疾人、儿童等特殊人群的生理和心理的特殊需求进行的人性化设计。老年人身体功能下降，要通过各种弥补性环境帮助老年人弥补其能力与生理的缺陷，主要体现在对其视觉和听觉的弥补。

1. 视觉方面

老年人视力有所下降，可以通过强烈的色彩变化刺激视觉神经，提高老年人对环境的感知能力。应该在原来照度设计标准的基础上适度地提高，如图 1 - 11 所示。同时，要加强照度的均匀性，因为老年人对明暗转换的适应能力和年轻人相比较差，过强的明度反差会造成行动的不便。

2. 听觉方面

可以利用一些发声装置，帮助老年人确认自己所处位置及周边环境。

总之，弥补性设计使老年人更容易控制和了解周围环境。居住区的空间、场地、标识性设施要有鲜明的个性，在各细部处理上利用合理的空间序列，借助实体物质的造型、颜色等方便老年人识别。

（六）功能性设计原则

功能性设计原则，就是在适老建筑中为老年人提供护理，即生活单元与护理单元相一致的设计原则。要给护理人员或家人留有护理空间，特别是浴室和卫生间，保证老年人活动需要的尺寸和协助老年人时所需的空间，如图 1 - 12 所示。另外，还要为了使入住者相互之间构筑社会关系、营造自理的日常生活环境而提供空间层面的支持，即按照个人能力、自身生活方式与习惯为入住者营造

图 1 - 11　增加色差便于老年人辨认

日常生活环境提供支持，使每位入住者能够发挥各自作用，营造自身熟悉的生活环境。

（七）个性化设计原则

　　适老建筑除要满足以上几个通用性原则之外，还应创造个性化、多样化的居住环境，为老年人提供多种可选择性。因为人有各自不同的爱好和生活方式，所以在居住条件上不宜强制统一，应该提供各种生活空间以满足不同的生活需求。

　　老年人需要一个属于自己、不被干扰的空间。尊重个人生活，就必须保护个人的隐私权，实现居住空间的个性化。只有确保了安定的个人空间，生活才能丰富多彩，才可以使入住者在空间的设置上体现自己的个性，同时也确保自立的生活行为的顺利进行。老年人在自己房间内布置的展示空间如图 1 - 13 所示。

图 1 - 12　卫生间的空间方便照顾者进出

图 1 - 13　老年人在自己房间内布置的展示空间

同步训练

对一家老年公寓进行参观考察，总结其在环境设计中遵循了哪些适老化的设计原则。

任务二

老年人对居住环境的需求

任务描述

请根据情境导入思考以下问题：

随着年龄的增长，老年人因生理的变化对建筑设计的要求会有一些改变，请同学们穿上老年人体验服，举例说明老年人对居住环境要求的改变（至少3条）。

(1) _____

(2) _____

(3) _____

(4) _____

(5) _____

相关知识

在进行适老建筑与环境设计之前，需要采用多学科的交叉研究方法，从社会学、人口学、老年学、生理学、卫生学、心理学、居住学及建筑学、城市规划学等学科的角度来探讨老龄化和老年居住问题，明确老年人对居住环境的需求。下面将介绍老年人的生理特征、心理特征、行为特征和相应的居住环境需求。

一、生理特征及居住环境需求

（一）生理特征

1. 皮肤

随着年龄增长，老年人表皮更新能力减慢，皮肤变薄、弹性下降、松弛，出现皱纹，防御功能和损伤后愈合力下降。老年人皮肤神经末梢数量减少，感觉功能下降、迟钝，痛觉、冷热觉减退，易发生烫伤、外伤。

2. 运动系统

首先，老年人椎间盘弹性减弱，尤其是腰椎，如过度弯曲、扭曲、负重，容易发生腰椎间盘突出。老年人椎间盘变薄，骨质疏松使椎体变小，脊柱肌肉力量下降致胸曲和颈曲凸度增加，出现驼背、脊柱变短、身高变矮。其次，老年人关节出现退行性改变。最后，老年人由于骨骼肌减少、肌力减退，肌肉力量不足，容易跌倒。

3. 消化系统

老年人会出现牙齿明显磨损、松动或脱落，咀嚼功能下降，唾液分泌减少。此外，老年人肠蠕动减弱，容易发生大便硬结，排便困难。

4. 呼吸系统

老年人换气功能逐渐减弱，呼吸道抵抗力下降，声音变得轻细、沙哑。

5. 泌尿系统

男性老年人因前列腺肥大，会出现排尿困难，可能导致慢性尿潴留。女性老年人因膀胱肌肉收缩无力、尿道括约肌功能减退、盆底松弛肌无力等，容易发生尿失禁。

6. 循环系统

老年人心排血量逐渐下降，心脏传导系统退化，动脉硬化，神经对血管的调节能力下降，易发生直立性低血压，静脉弹性下降造成血液回流困难而致下肢水肿、血栓、痔疮，毛细血管变脆，易出现皮下出血，表现为皮肤瘀斑青紫。

7. 神经系统

老年人脑细胞逐渐减少，神经的调控能力减退，如对外界反应迟钝，对冷、热的变化不敏感，对疼痛反应不敏感。记忆力减退，尤其近期记忆减退明显。注意力不集中，易产生孤独感和发生认知障碍。

8. 感觉系统

（1）视觉变化：老年人看近物模糊，形成老视；晶状体浑浊，易发生老年性白内障；眼睛对房水的重吸收能力降低，易发生青光眼；视野变小；暗适应能力下降。（2）听力下降。（3）味觉减退。（4）嗅觉减退。

（二）居住环境需求

1. 声环境

防止噪声污染，隔音要好，结合老年人的睡眠特征进行设计。另外，听不清或听不到会给老年人的起居生活带来一定的影响，严重者甚至会造成危险。如听不到电话或门铃声，一般只会影响老年人的对外交流；而听不到煮饭、烧水的声音，甚至报警的铃声，则可能会对老年人造成生命危险。尤其对于独居老年人，听觉的下降危害更大。

2. 热环境

老年人夏季排汗功能差，需要良好的通风。应有一定的室外环境供老年人休息、晒太阳或散步等。如住宅建筑有露台可以使不能下楼的老年人接触外面的空气，如图1-14所示。

3. 光环境

光环境包括天然光环境和人工光环境，日照、照明、采光方面都应结合老年人的生理特征进行设计。老年人视觉衰退要求对其居住空间进行有针对性的设计，例如通过合理布置光源、增加夜间照明灯具等方式提高室内照度；采用大按键开关，加大标识牌的图案、文字，提高背景与文字的色彩对比度使其更容易辨认，从而帮助老年人在居住环境中获得更加舒适的视觉感受，提高安全度和

图1-14 露台

方便性。

4. 无障碍环境

无障碍环境指的是一个既可通行无阻又易于接近的理想居住环境。建筑物和居住区的规划、设计、建设应方便老年人通行和使用，如建筑物应考虑在出入口、地面、电梯、扶手、厕所、房间、柜台等设置方便老年人使用的相应设施等。

5. 人体功效环境

站立老年人在人体尺度上相对于中青年略小。尽管这种缩小比较轻微，但由于老年人肢体伸展幅度下降、肌肉力量衰退，在居住环境中还是会产生一些障碍。因此，应结合老年人的人体尺度特征进行一些设计，比如马桶可以做高一些方便老年人的坐起。

二、心理特征及居住环境需求

（一）心理特征

1. 认知功能的变化

老年人智力下降，以感性学习为主，记忆力下降、再认和回忆能力减退，概念学习、问题解决和推理等方面能力都比年轻人差，思维创造性、灵活性也较差，对问题的不寻常回答较少，思路较窄，转换较困难。

2. 个性特点

（1）最典型的是常常会花很多时间回忆过去的经历，如图1-15所示是利用老年人年轻时常用物品作装饰，以引起对以前的回忆。

（2）会变得内向，体会到孤独感。老年人从退休之后会逐渐从社会关系中退出，社交范围主要集中在亲朋之间。

（3）做事较保守，不易冲动。

（4）适应性减弱，比如不爱出远门或旅行，并且重大的生活事件对其影响较大。

（5）容易怨天尤人，爱发牢骚。

图 1 - 15 利用老年人年轻时常用物品作装饰

(6) 依赖性较强,比如去看病时希望有亲人陪伴。

(7) 缺乏灵活性,较执拗,对有些事坚定不移地相信。

(8) 比较容易受骗,尤其在保健品、家人健康和理财方面容易上当受骗。

(9) 一些老年人不修边幅、邋遢。

(10) 喜欢收集陈旧物品。

3. 情绪特点

由于生理上的老化,再加上老年人社会交往和社会角色地位的改变及心理机能的变化,老年人容易产生失落感、丧失感等消极情绪。人们很容易把年龄增长带来的情绪变化都归为消极的,而事实上,老年人的情绪并没有像一般人想象得那么糟糕,积极情绪如兴奋、有趣、自豪及成就感在老年期倾向于保持稳定,或只是轻微地减弱。另外,老年人有很好的情绪调控能力,如"得而不乐,失而不哀"常常是老年人情绪状态的表现。

(二) 居住环境需求

1. 对安全感的需要

在老年人居室中应进行无障碍设计、呼叫器设计等;针对老年人记忆力下降的问题,在居家设计中应有明显的提示,如适当采用敞开式的储物柜(见图 1 - 16)或多设置台面,以便放置老年人的常用物品,使其能方便看到;选择定时熄火的灶具,避免因忘记熄火而发生危险。

2. 对归属感的需要

老年人习惯居住在熟悉的地理和社会环境中,并把自我融合于群体和社会中,希望在集体中获得认可,获得归属感。因此在老年住宅设计中应注意创造老年人与外界联系的空间,如面向室外的

图1-16 敞开式的储物柜

阳台，使老年人可以看到室外活动的人，增加其与外界的联系，使其获得归属感。

3. 对舒适感的需要

老年人居住的环境应安静、空气清新、绿化好、有娱乐设施等；居家设计中可考虑在户内安排适宜的空间，以便把一些户外活动移至室内进行，如在家里设置阳光室，老年人在室内活动可享有与室外活动相近的日照条件，还可避免刮风、雨雪、雾霾等恶劣天气对其生活的影响，防止温、湿度变化引起的感冒等疾病。

4. 对邻里良好交往的需要

老年人退休后的生活半径缩小，社会交往对象往往以附近居住的老年人为主。因此为了保证老年人的心理健康，在老年人居住环境中创造适于他们交流的空间非常重要。

5. 对家人团聚的需要

提供家属的房间和与老年人共同参与的项目，或者提供混合型住宅使几代人可以居住在一起或附近等。对于使用轮椅的老年人，可在起居室的座席区及餐桌旁留出可供轮椅停放的空间，以便老年人能够较为舒适地参加家庭集体活动。

三、行为特征及居住环境需求

（一）行为特征

老年人的行为具有群聚性、类聚性、交往性，在住宅设计中有必要为两代人或三代人共同生活考虑，既方便家人相互照顾，又留有一定的私密空间。此外，老年人退休在家，摆脱了以往频繁的社会活动，很多人都希望有一定的独处空间，做一些自己想做的事。老年人性格各异、爱好多样，即使在同一个家庭中，夫妇二人也可能一个喜静、一个喜动。因此，有些老年人并不喜欢参加伴侣或家人的活动，住宅设计中应该针对这一特点注意做好内外、动静分区，为老年人提供一定的安静空间。

（二）居住环境需求

对于老年人行为的群聚性、类聚性、交往性，在住宅设计中应有所考虑。为了保证身心健康，老年人参加一定的社会活动是必要的。如阳台是一个兼具公共性与私密性的地方，老年人有其自身的习惯和特殊爱好，因此老年住宅的阳台的功能与普通住宅有所不同。除应具有普通住宅的晾晒功能外，老年人住宅的阳台还应具有健身、休息、养花、学习活动等多种功能。因此在住宅设计中应提供一定的活动空间，便于老年人灵活使用，但还应注意与家庭内部生活区域适当分开，以免干扰家人的日常生活。

总之，居住的空间与人类息息相关，终身为伴。在不同年龄阶段和时代，人们对居住空间有着不同的要求和理解。每个人都会有衰老的那一天，安享晚年必定成为我们未来的最大愿望。我们身为空间设计人员，对特殊使用群体的住宅进行设计时，所考虑到的细节都会影响其生活状态。所以随着社会的发展、人们物质文化生活水平的提高和人口老龄化社会的到来，适老化居家环境设计与改造逐渐成为当今设计界的一大主题，我们要给老年人提供的是一个安全的生活空间和舒适、安静、人性化、幸福的晚年。

同 步 训 练

找一名老年人进行访谈，了解其对目前居住环境的感受、哪些地方给其生活造成了不便，并结合老年人的生理、心理特点对访谈结果进行分析，了解老年人对居住环境的需求。

项目二

居室内各功能区间的适老化设计与改造

学习目标

知识目标

1. 了解居室内各功能区间的主要功能；
2. 掌握居室内各功能区间的相关规范标准；
3. 熟悉居室内各功能区间的设计要点。

能力目标

1. 能够对居室内各功能区间进行适老化的设计；
2. 能够对现有环境进行适老化改造。

素养目标

1. 在适老化环境设计与改造时能充分考虑老年人的身心特点；
2. 能够用充分的爱心、耐心及专业的态度为老年人创造安全舒适的环境。

老年人居室套内空间一般包括门厅、起居室（客厅）、卧室、厨房、餐厅、卫生间、阳台等功能区。对于各功能区的设计要求，在《老年人居住建筑设计规范》（GB 50340－2016）中都有明确规定，但是在为老年人或老年人家庭进行居家环境设计与改造时，还要充分考虑老年人的生理心理特点、居住者的生活习惯及空间的功能需求等，如图 2－1 所示。

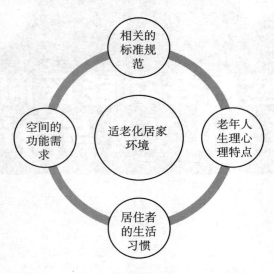

图 2－1　适老化居家环境应满足 4 方面的要求

具体来说，我们在工作过程中要考虑以下 4 个问题：

（1）该空间要满足哪些基本功能需要？

（2）根据居住者的生活习惯需要增加哪些功能？

（3）该空间建设涉及哪些标准规范？

（4）根据老年人的生理心理特点，该空间还需要注意哪些细节？

通过认真分析这四个问题，我们便可以基本得出居室环境的适老化设计与改造方案。在接下来的任务中请大家记住这个方法，并尝试去应用。

情境导入

王先生，40 岁，是某企业的中层管理人员，平时工作较忙。父母都已年近 70，独自居住在老家。母亲患类风湿性关节炎多年，走路不便，室内行走需借助助行器，外出时则要使用轮椅。父亲患有冠心病，不能剧烈活动，但日常生活不受限制。考虑到父母需要有人照顾，王先生在自己居住的小区里为二老买了一套两居室的房子（户型图见图 2－2），打算装修好后，将父母接过来，方便尽孝。那么，这套房子该如何装修呢？

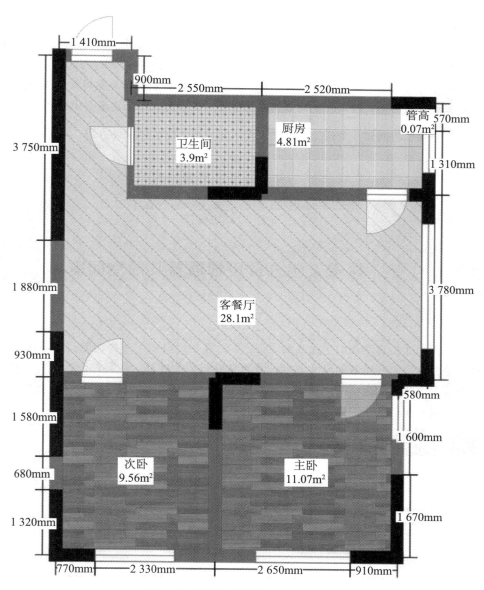

图2-2 两居室户型图

情境分析

为了帮助王先生完成房子的装修设计方案，我们首先回答适老化居家环境设计的4个问题：

（1）该空间要满足哪些基本功能需求？

要满足王先生父母的日常生活起居需求，同时王先生一家也可能短时过来探望。

（2）根据居住者的生活习惯需要增加哪些功能？

回答该问题需要进一步评估王先生父母的生活习惯，比如是否需要阅读、上网，是否喜欢种植花草，是否喜欢运动健身等，如有需求则要在环境设计中加以体现。

（3）该空间建设涉及哪些标准规范？

设计中要考虑《老年人居住建筑设计规范》（GB 50340 - 2016）、《无障碍建设指南》等。

（4）根据老年人的生理心理特点，该空间还需要注意哪些细节？

王先生的母亲需要使用助行器和轮椅，在设计中需要考虑相关空间及家具的尺寸要求；王先生的父亲不能剧烈活动，所以在空间布局及居家设备设施的选择上要尽量便捷省力。

下面，我们将通过 6 个任务，帮助王先生完成房子的装修设计方案。

任务一

探索老年人常用辅助器具的空间需求

老年人由于生理功能的退化或疾病等原因，往往需要使用一些辅助器具，其中一些辅具对环境空间及家具会有一些特殊的尺寸要求，尤其是助行类的辅具，在装修改造中一定要充分给予考虑，否则就会给老年人的生活带来很大的困难，出现像轮椅进不了门、进了门没法转弯等情况。下面，我们将通过一个任务来探索老年人常用辅助器具的空间需求。

任务描述

任务工具准备：卷尺、普通轮椅、电动轮椅、老年购物车、助行器、腋拐、四脚拐、单拐，如图 2 - 3 所示。

任务布置：学生 3～4 人一组，完成相关测量。

（1）对以下辅助器具的尺寸进行测量。

1）普通轮椅：

长度＿＿＿＿＿＿＿＿＿＿　　　　　宽度＿＿＿＿＿＿＿＿＿＿

座面高＿＿＿＿＿＿＿＿＿＿　　　　　总高＿＿＿＿＿＿＿＿＿＿

折叠后宽度＿＿＿＿＿＿＿＿＿＿

2）电动轮椅：

长度＿＿＿＿＿＿＿＿＿＿　　　　　宽度＿＿＿＿＿＿＿＿＿＿

座面高＿＿＿＿＿＿＿＿＿＿　　　　　总高＿＿＿＿＿＿＿＿＿＿

3）老年购物车：

宽度＿＿＿＿＿＿＿＿＿＿　　　　　进深＿＿＿＿＿＿＿＿＿＿

座面高＿＿＿＿＿＿＿＿＿＿　　　　　总高＿＿＿＿＿＿＿＿＿＿

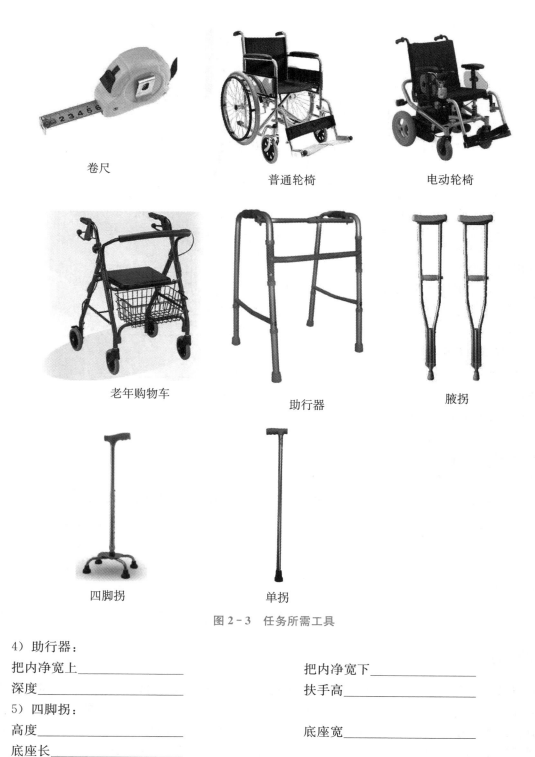

图 2 - 3 任务所需工具

4）助行器：

把内净宽上_____   把内净宽下_____

深度_____   扶手高_____

5）四脚拐：

高度_____   底座宽_____

底座长_____

注：若辅具的高度可调节，则标出最大值和最小值。

（2）对图 2-4 中辅助器具的使用空间进行测量，使用者选择组内身高中等的同学，注明使用者性别及身高。

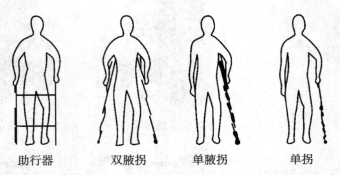

助行器　　　　　双腋拐　　　　　单腋拐　　　　　单拐
图 2-4　需测量使用空间的辅助器具

使用者性别：_____　　　　身高：_____

1）标出以上图片中各辅助器具所需要的宽度。

助行器_____　　　　　　双腋拐_____

单腋拐_____　　　　　　单拐_____

2）乘坐普通轮椅的空间需求。

乘坐普通轮椅者的肘高度_____　　　　肩高度_____

眼高度_____　　　　　　头顶高度_____

乘坐普通轮椅的通行宽度_____

乘坐普通轮椅靠近门把手时，把手侧墙垛的宽度_____

乘坐普通轮椅者的最大活动半径_____

乘坐普通轮椅者的回旋半径_____

（3）通过以上测量结果，你得出哪些有助于对老年人居住环境进行无障碍设计的启发？

1）_____

2）_____

3）_____

4）_____

5）_____

相关 知识 ────────────────────────○

　　通过以上任务训练我们可以发现，不同的使用者和不同的辅具，对使用空间的需求是不同的。因此，在为特定的老年人设计居家环境时要根据其身体的具体情况及所使用辅具的具体情况进行尺寸设计。当进行老年人通用环境的设计时，则要根据我国老年人人体尺寸的平均值及常用辅具的平均值进行设计。需要特别指出的是，当为已经开始使用某些辅具的老年人设计居家环境时，无疑要考虑相应辅具对环境的需求，但是即使老年人目前并未使用任何辅具，也要从发展的角度为其做好将来可能需要的环境设计，或者预留改造空间。

人一生的身高会经历从矮到高再到矮的一个过程，老年人会因为椎间盘变薄或脊椎压缩性骨折等原因而身高变矮。据相关资料介绍，以男性 60 岁为基础，65 岁和 75 岁身高分别下降 1.5cm 和 3.5cm。因此，以成年人人体尺度为标准进行的设施设计往往不适合老年人使用。根据清华大学建筑学院老年人建筑研究课题组对中国老年人人体尺度进行的测量，老年男性和老年女性的人体测量图如图 2-5 所示。

通过测量数据可以看出，老年人身高比青年时变矮，肢体伸展范围缩小，对家具和设备的尺寸需求也不同于青年人。特别是对支撑身体和操作类带台面的家具，如座椅、餐桌、书桌、灶台的高度等要特殊设计。另外，老年人也难以使用需要下蹲、弯腰或踮脚才能碰到的家具与设备，如吊柜或低位的柜格等。

使用轮椅的老年人，其人体尺度尤其是高度方面的变化更为明显。比如其水平视线高度降低，手臂活动范围缩小，活动时所占用的空间也比较大。

青年人与老年人、站立老年人与使用轮椅老年人在人体尺度和起居环境障碍方面存在明显差异。因此，在进行居家环境设计时，要考虑不同家庭成员以及家庭成员在不同阶段的需求，要能适应不同自理程度的老年人的需求；同时要具有一定的灵活性和可改造性，方便根据老年人的身体变化，进行空间尺度调整和家具设备的更换。

老年人常用的辅助器具，根据其种类型号的不同，尺寸也会有所差别。这些尺寸将直接影响到其收纳及使用时的空间需求。图 2-6 至图 2-11 中所列出的尺寸借鉴了周燕珉教授等主编的《老年住宅》一书中的相关数据，供参考。

正常人平地行走时的宽度要求约为 500mm，但是，在衰老的过程中人的行走能力会逐渐降低，对助行辅具的依赖也会相应加大，所需空间也相应增多，图 2-12 显示了老年人使用各种助行辅具行走时的宽度需求。

需要指出的是，使用各种拐杖类辅具行走时具有一定的灵活性，在宽度充足时可以放开，遇到狭窄的地方也能够适度收缩。而使用稍大型助行辅具时灵活性则比较差，宽度不足时就会受阻，最主要的就是轮椅，其次是助行器、老年购物车等，但是后者宽度需求稍小。因此，在进行公共通道或老年人家庭通道设计时，首先要考虑的是其宽度能满足轮椅运转，在此前提下，其他类型的助行辅具都能够通过。同时，要注意身体或辅具与周围环境最容易接触的部位，在这些部位要进行精心设计，防止出现对老年人的伤害或对环境的损伤，如挂拐杖者最怕的是拐头出现侧滑，而使用助行器和轮椅者则是双手容易擦伤，在操作不慎时，轮椅的脚踏板也特别容易撞到墙的底部。老年人在使用辅具时，除对环境宽度的需求外，还有很多其他需要关注的细节，下面一一说明。

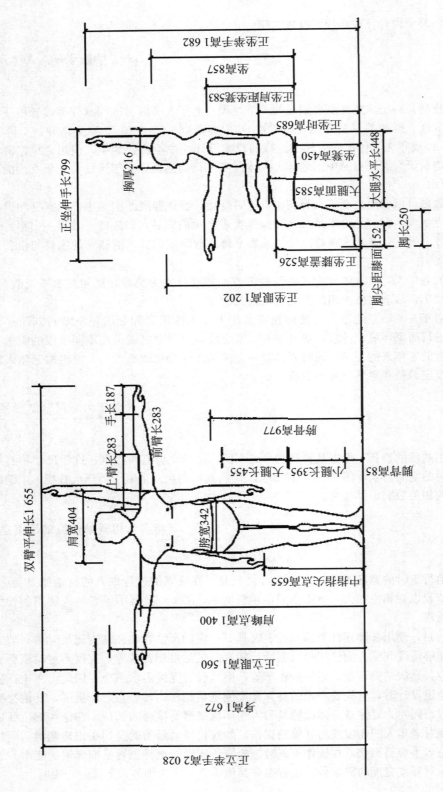

正坐挺手长799
胸厚216
正坐挺手距1 682
肩宽857
正坐肩距眉挺幕583
正坐肘距685
而臂宽450
大腿水平长448
正坐臀围高583
脚尖距膝面152
胸长250
正坐臀膝距526
正坐膝高1 202

双臂平伸长1 655
手长187
前臂长283
上臂长283
肩宽404
胯宽342
头围577
小腿长395 大腿长455
髌骨高85
中指指尖点高655
肩峰点高1 400
正立腰围1 560
身围1 672
正立挺手高2 028

a.老年男性人体测量图（样本平均年龄：78.9岁，尺寸单位：mm）

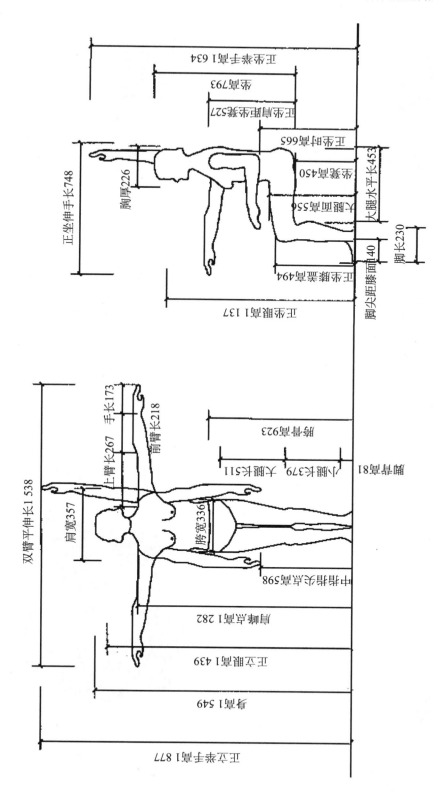

图2-5　中国老年男性和老年女性的人体尺寸测量图（清华大学建筑学院老年人建筑研究课题组测量并绘制）

b.老年女性人体测量图（样本平均年龄：79.6岁，尺寸单位：mm）

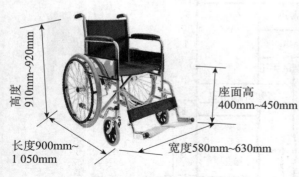

高度 910mm~920mm

座面高 400mm~450mm

长度900mm~1 050mm

宽度580mm~630mm

图 2-6 普通轮椅尺寸

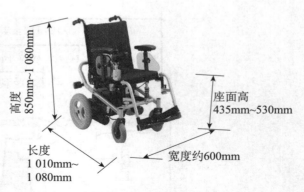

高度 850mm~1 080mm

座面高 435mm~530mm

长度 1 010mm~1 080mm

宽度约600mm

图 2-7 电动轮椅尺寸

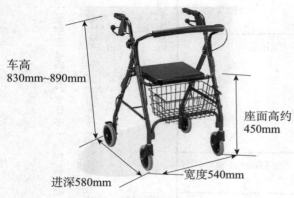

车高 830mm~890mm

座面高约 450mm

进深580mm

宽度540mm

图 2-8 老年购物车尺寸

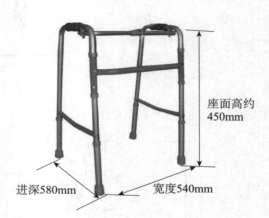

座面高约 450mm

进深580mm

宽度540mm

图 2-9 助行器尺寸

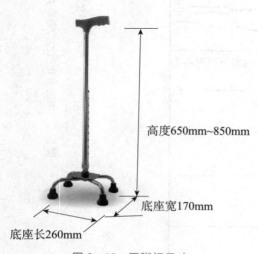

高度650mm~850mm

底座宽170mm

底座长260mm

图 2-10 四脚拐尺寸

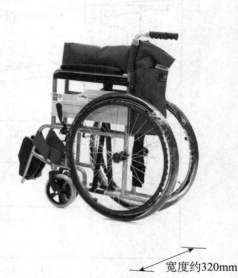

宽度约320mm

图 2-11 轮椅折叠后尺寸

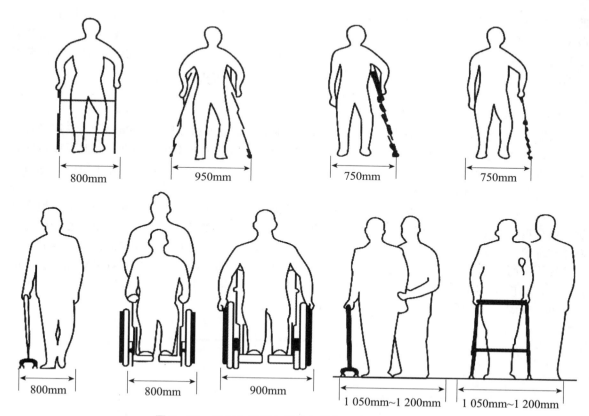

图 2 - 12　老年人使用各种助行辅具行走时的宽度需求

（一）拐杖类

拐杖有单脚和多脚，以及单侧使用和双侧使用之分。使用单拐时常出现的问题是拐头防滑能力不足，或拐头直径太小容易陷入地面孔洞及缝隙中。而使用多脚拐杖时，因其底面尺寸较大，在经过台阶时，如果踏面宽度不足则会受到阻碍。双侧使用拐杖时（如双腋拐），可能会出现身体悬空的动作，此时若地面摩擦力不足，容易出现侧滑失控，是非常危险的。用双杖经过平缓坡地时，需要缩小步幅和步宽，下坡时要控制速度，上坡时若坡度较陡会很困难，为了保证安全，需要借助扶手。用双杖者经过楼梯时借助扶手既省力又安全，占用的宽度也比平地小，与使用单杖者大致相同。

通过以上分析，我们可以发现，为了方便拐杖使用者，在居家环境设计时要注意：

（1）地面要平整防滑，避免高差和较大的缝隙；

（2）当出现不可避免的高差时，可采用坡道或台阶，坡道的坡度不能超过 1∶12。台阶的踏步宽度不可过小，坡道和台阶两侧设置扶手，临空侧要设置侧挡台，防止拐头滑出。（台阶的具体要求，详见本项目的任务二。）

（二）助行器类

助行器类包括框式助行器、轮式助行器、台式助行器、带座助行器等，不同类型的助行器外廓的尺寸略有差别，但一般都是下端尺寸大于上端，使用时宽度需求大于拐杖类，但比轮椅要小。一般来说，助行器的上部支点位于人的左右侧，下部支点不怕地滑，稳定性好于拐杖类，但是宽度不足时无法通过，也无法通过台阶。因此，在为使用助行器的老年人设计居家环境时，要避免在老年人的活动区域内设置台阶，过道、门等通行区域要至少留出800mm的宽度。

（三）轮椅

从图2-12中的数据可以看出，当有照料者推行时，轮椅的通行宽度为800mm，当使用者自行驱动时，轮椅的通行宽度为900mm。图2-13中展示了轮椅使用者各部位的高度。由此可以指导居家环境设计的相关细节，如脚尖距地面30cm提示我们护墙板的高度应为30cm，墙上镜子下端与地面的距离至少也为30cm；膝关节高度为65cm，因此，一些需要将膝关节推入的台面，如书桌、洗漱台、操作台等下端至少要留出65cm的高度；眼睛高度为110cm～130cm，因此入户门的观察孔高度、电视机的高度等应在此范围内。图2-14展示了轮椅乘坐者的活动半径，当需要坐在轮椅上接触某些部位时要参考此数据，如书架的高度、鞋柜的高度等。转动轮椅时所需空间因转动方式、身体情况不同而各异，但在平坦地面上转动时所需的最小尺寸为直径150cm的圆，在需要轮椅转弯的地方要留出相应空间（如图2-15所示）。乘坐轮椅者若要靠近门把手，把手端的墙垛宽度至少为400mm（如图2-16所示），此宽度同样适用于开启冰箱门时。

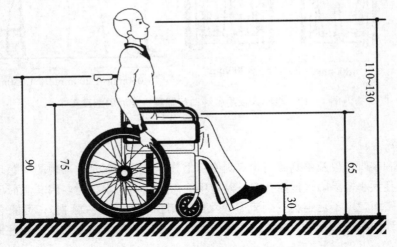

图2-13 轮椅使用者各部位的高度（单位：cm）

图2-14 轮椅乘坐者的活动半径

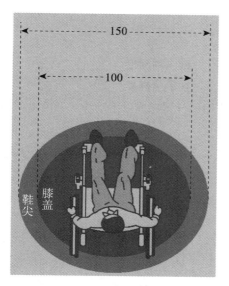

图 2 - 15　轮椅回旋空间（单位：cm）

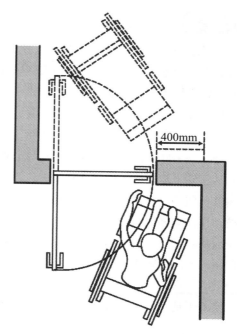

图 2 - 16　坐轮椅者开关门

同 步 训 练

根据王先生父母使用辅具的情况，在其装修及家具设计方面应注意什么？

任务二

居室出入口处的适老化环境设计与改造

出入口即为进出居室的交界处，属于公共建筑的一部分。若出入口存在障碍，老年人就无法自由地出入家门，比如坐轮椅或使用助行器的老年人，无法独自通过出入口的台阶，只能终日被禁锢在家中，不能参与到社会生活中去，这必将极大地影响其生活质量。另外，在一些紧急情况下，出入口的障碍还可能危及老年人的生命财产安全，比如老年人出现意外需要紧急救助时，担架却无法进入狭窄的楼梯、电梯空间。因此，出入口的适老化设计与改造对于维护老年人平等参与社会的权利，提高他们的生活质量，以及保证他们的生命财产安全具有十分重要的意义。

任务描述

任务工具准备：卷尺、轮椅、助行器、出入口环境（包括台阶、坡道、扶手、入口门等）。

任务布置：学生 3～4 人一组，完成下列任务。

（1）对以下尺寸进行测量：

台阶的宽度_____，踏步的高度_____，踏步的深度_____；

坡道的宽度_____，坡道的坡度_____，扶手的高度_____。

（2）选择一名同学扮演老年人，分别乘坐轮椅和使用助行器完成以下动作：开门出门→到达室外平地；从室外平地到达入口门→开门进入。

组内其他同学负责观察记录，当扮演老年人的同学无法独自完成时其他同学给予协助，并记录所协助的动作。具体记录内容如下：

乘坐轮椅：

开门出门：□无障碍　□有障碍，具体描述

_____；

下到室外平地：□无障碍　□有障碍，具体描述

_____；

从室外平地到达入口门：□无障碍　□有障碍，具体描述

_____；

开门进入：□无障碍　□有障碍，具体描述

_____。

使用助行器：

开门出门：□无障碍　□有障碍，具体描述

_____；

下到室外平地：□无障碍　□有障碍，具体描述

_____；

从室外平地到达入口门：□无障碍　□有障碍，具体描述

_____；

开门进入：□无障碍　□有障碍，具体描述

_____。

（3）组内同学进行思考与探讨，通过以上任务，你得出哪些对出入口环境进行无障碍设计的启发？

1）_____

2）_____

3）_____

4）_____

5）_____

相关知识

　　住宅的出入口是联系室内空间和室外空间的交通枢纽，因此应该满足安全、方便、易识别等要求。具体包括两个方面：一是要为老年人平时出入提供便利，从而可以接触人群、联系社会；二是在一些关系到人身安危的紧要关头能使老年人顺利脱险。

　　根据 2016 年 10 月 25 日住房和城乡建设部、国家质量监督检验检疫总局联合发布的《老年人居住建筑设计规范》（GB 50340 - 2016），出入口的规范标准如下：

　　（一）关于室外坡道的规定

　　（1）室外轮椅坡道的净宽不应小于 1.20m，坡道的起止点应有直径不小于 1.50m 的轮椅回转空间。

　　（2）室外轮椅坡道的坡度不应大于 1∶12，每上升 0.75m 时应设平台，平台的深度不应小于 1.50m。

　　在《家庭无障碍建设指南》中规定了轮椅坡道的最大高度和水平长度的要求，见表 2-1。

表 2-1　轮椅坡道的最大高度和水平长度

坡度	1∶20	1∶16	1∶12	1∶10	1∶8
最大高度（m）	1.20	0.90	0.75	0.60	0.30
水平长度（m）	24.00	14.40	9.00	6.00	2.40

　　（3）室外轮椅坡道的临空侧应设置栏杆、扶手和安全阻挡设施。

　　（二）关于室外台阶的规定

　　（1）应同时设置轮椅坡道。

　　（2）台阶踏步不宜小于 2 步，踏步宽度不宜小于 0.32m，踏步高度不宜大于 0.13m；台阶的净宽不应小于 0.90m。

　　（3）在台阶起止位置宜设置明显标识。

　　（三）关于出入口门的规定

　　（1）出入口应按照无障碍出入口设计，宜采用平坡出入口。

　　（2）出入口的门洞口宽度不应小于 1.20m，门扇开启端的墙垛宽度不小于 0.40m，出入口内外应有直径不小于 1.50m 的轮椅回转空间。

　　（四）关于楼梯与电梯的规定

　　（1）老年人居住建筑严禁采用螺旋楼梯或弧线楼梯。

（2）楼梯踏步踏面宽度不应小于0.28m，踏步踢面高度不应大于0.16m。同一楼梯梯段的踏步高度、宽度应一致，不应设置非矩形踏步或在休息平台区设置踏步。

（3）楼梯踏步前缘不宜突出；楼梯踏步应采用防滑材料；当踏步面层设置防滑、示警条时，防滑、示警条不宜突出于踏面。

（4）楼梯起、终点处应采用不同颜色或材料区别楼梯踏步和走廊地面。

（5）二层及以上老年人居住建筑应配置可容纳担架的电梯。

（6）十二层及十二层以上的老年人居住建筑，每单元设置电梯不应少于两台，其中应设置一台可容纳担架的电梯。

（7）候梯厅深度不应小于多台电梯中最大轿厢深度，且不应小于1.8m，候梯厅应设置扶手。

（五）关于扶手的规定

（1）扶手的高度应为0.85m～0.90m，设置双层扶手时，下层扶手高度宜为0.65m～0.70m。扶手直径宜为40mm，到墙面净距宜为40mm。楼梯及坡道扶手端部宜水平延伸不小于0.30m，宜向内拐到墙面，或向下延伸不小于0.10m。扶手宜保持连贯，扶手的材质宜选用防滑、热惰性指标好的材料。

（2）轮椅坡道应设置连续扶手，轮椅坡道的平台、轮椅坡道至建筑物的主要出入口宜设置连续的扶手。

（3）出入口台阶两侧应设置连续的扶手。

（4）公用走廊应设置扶手，扶手宜连续。

（5）老年人公寓楼梯梯段两侧均应设置连续扶手，老年人住宅楼梯梯段两侧宜设置连续扶手。

三、区域方案设计要点

出入口无障碍设计的原则是保证室内外的连续性，无台阶、无坡道的建筑出入口是在人们通行时最为便捷和安全的。但有时候限于客观条件，会出现一定的高差，此时则要注意相应的设计要便于老年人的通行。

（一）台阶

室外台阶的位置要明显，宜正对入口大门，每组台阶的踏步数不宜小于两级。当入口平台与周围地面高差小于一步台阶时，可直接设置为平缓的坡道。除《老年人居住建筑设计规范》（GB 50340－2016）中的相关规定外，还要注意以下几点：

（1）台阶的每级踏步应设置均匀，踏步边缘宜平行，方便老年人蹬踏。台阶的踏步应平整，选用防滑的材料。踏步的表面铺装应有助于老年人辨识踏步轮廓，不应选择容易引起视觉错乱的条格图案，以免影响视觉障碍者的正确辨识。踏步顶面和前立面可以用对比度较大的两种颜色来区分，或在踏面前沿设置不小于30mm的色带，色带应确保上行和下行均能看到（见图2-17），也可利用防滑条进行处理。最好有明确的提示，让人们能够注意到台阶（见图2-18）。

（2）台阶两侧应设置连续的扶手，通常台阶总宽度超过3 000mm的时候，需在中部增设扶手，以防止老年人身体不稳时无处扶靠。台阶侧面临空时，在栏杆下方宜设置安全阻挡措施，以免使用拐杖等助行器具的人不慎将拐头滑出台阶侧边，造成危险。遮挡措施可以是高度不小于50mm，宽度大于150mm的侧挡台（见图2-19），也可以是与地面空隙不大于100mm的斜向栏杆（见图2-20）等。

图 2 - 17   台阶边缘的色带

图 2 - 18   台阶的提示标识

图 2 - 19   侧挡台

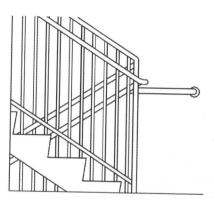

图 2 - 20   斜向栏杆

（3）当出入口设置台阶时，应同时设置轮椅坡道，但不能采取只设轮椅坡道不设台阶的做法。设置轮椅坡道是为了满足乘轮椅、推婴儿车等行动不便的人的通行需求，但轮椅坡道对于一些人的行走是不方便的，比如，脚踝部受伤的人，同时设置轮椅坡道和台阶可以给他们提供多种选择（见图2-21）。

图2-21　台阶与坡道同时设置

（二）坡道

1. 坡道的形式

坡道的形式受多种因素影响，如周边环境、室内外高差、入口道路的方向以及楼外窗户和外墙的位置等。常见的有直线形、折返形、L形等（见图2-22）。

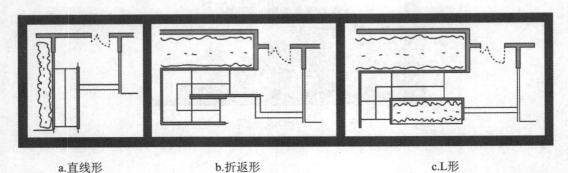

a.直线形　　　　　　　　b.折返形　　　　　　　　c.L形

图2-22　常见的坡道形式

要注意坡道与建筑环境的融合，避免浪费空间，还要考虑行人的通行路线，避免迂回或影响正常的通行（见图2-23）。另外，如果坡道离首层住户的外窗很近，要尽量避免正对卧室等对私密性要求比较高的房间，不得不贴近设置时，要采取一定的遮挡措施，比如设置绿篱、矮墙或者用毛玻璃分隔等措施。

坡道不可直接连接门，在斜坡上乘轮椅者不可能放手去开门，否则会下滑造成危险，因此，在坡道与门之间要有宽度大于1.5 m的平台供轮椅停留与回旋（见图2-24）。

2. 坡道的尺寸要求

若坡道与台阶并用，坡道净宽应保证≥900mm，一般为900mm～1 200mm。室外坡道的坡度不应大于1：12（见图2-25）。当受场地限制而不得不采用较陡坡度时，应设置指示牌提醒使用者注意。若条件允许，坡度为1：20～1：16较为省力。另外，与台阶相同，坡道两侧也应该设置连续的侧挡台或与地面空隙不大于100mm的斜向栏杆。

图2-23　错误的坡道形式

图2-24　坡道不可直接与门相连

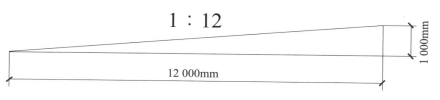

图2-25　坡度

3. 坡道的坡面

坡道的坡面应平整、防滑、无反光。应选用吸水或渗水性较强的面材，如透水地砖等。尽量能在雨篷的遮挡之下，防止冰霜雨雪等造成坡道表面湿滑而发生危险。坡道与平台转折连接处应通过地面颜色变化或加贴色带来起到警示的作用。坡面上不能选用质地坚硬的石材并进行抛光处理，这种做法非常危险，特别是在雨雪天气时，人在上面走很容易滑倒。也不宜为了增大摩擦力，将坡面做成碨蹉形式，或是做割槽处理（见图2-26），这种坡面会使乘轮椅者感到行驶不畅，而且当坡面表面被沙尘、泥土覆盖时，凹槽会被填平，不能起到防滑的作用。

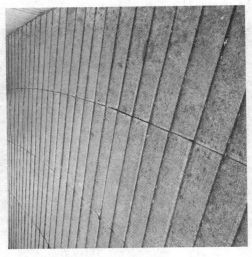

图2-26　错误的坡面处理形式

（三）扶手

扶手是无障碍环境设计中的重要部分，不只在出入口使用，还广泛应用于卫浴间、卧室、客厅等各个功能区间中。

1. 扶手的功能

扶手的功能主要包括三个方面：一是辅助行走，即安装在通道、台阶或坡道的两侧，便于老年人或残疾人在行走时抓握（见图2-27）；二是辅助体位变换，比如由坐位到站位、由站位到蹲位等，此时老年人可能由于身体活动能力或平衡能力的下降而无法完成体位变换或摔倒，借助动作辅助类的扶手则能更加安全便捷（见图2-28）；三是安全防护，即用作防护栏杆，设在临空一侧，防止失足跌落（见图2-29）。功能不同，扶手的形状也会有所差别，如"一"字形、L形、T形等。

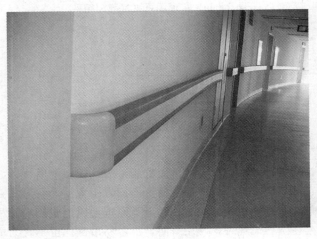

图2-27　辅助行走的扶手

图 2-28　辅助体位变换的扶手

图 2-29　安全防护的扶手

2. 扶手的材质

扶手常见的材质有不锈钢、尼龙、实木、PVC 等。

（1）不锈钢扶手（见图 2-30）：用不锈钢材制造，生产加工工序烦琐，市场上各种不锈钢产品的品质参差不齐，一般有镜面和磨砂面可以选择。其安全性较好，但颜色比较单一，手感冰冷，尤其是冬天会比较凉；另外，在长期潮湿的环境下容易腐蚀，因此不适用于卫生间。

（2）尼龙扶手（见图 2-31）：表面用尼龙材料打造，抗病菌，防滑，颜色多样，手感温润。内衬金属管件，安全可靠，使用寿命长，目前已经成为国际上的主流无障碍设施。

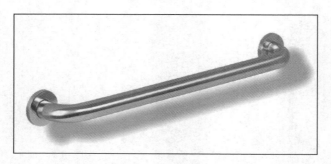

图 2-30　不锈钢扶手

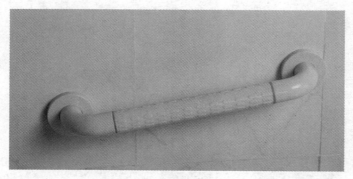

图 2-31　尼龙扶手

（3）木质扶手（见图 2-32）：实木材质，颜色可根据环境需求选择，整体比较美观。手感温和、舒适，比较适用于居家环境。

图 2-32　木质扶手

（4）PVC 扶手（见图 2-33）：采用高分子 PVC 材料，具有环保、耐用、美观、经济等优点，比木质和尼龙材质的扶手价格低廉得多，一般常用作行走辅助扶手，安装于楼道、楼梯等的两侧。

图 2-33　PVC 扶手

3. 扶手的设置原则

扶手的设置要遵循连续设置、双侧设置、牢固安装三个原则。

（1）连续设置。对于功能障碍者而言，扶手是他们日常生活中非常重要的设施，在其行走、弯腰、起身等行为过程中，任何一点扶手的缺失都可能对其造成危险，因此，坡道、楼梯等处的扶手一定要保持连贯。最好在对使用者的日常生活进行仔细观察和评估后，在其可能用到的任何地方均安装适当的扶手，如图 2-34 所示。

图 2-34　连续设置的扶手

（2）双侧设置。当行走方向不同时，功能障碍者对于扶手的位置需求可能是不同的，以左侧偏瘫的老年人为例，其只能使用右手抓握扶手，那么就要保证无论往哪个方向行走，其右侧始终要有扶手，因此，扶手应双侧设置，如图 2-35 所示。

图 2-35 双侧设置的扶手

（3）牢固安装。扶手的主要作用就是支撑，若扶手安装不牢固，那么在使用时就可能会造成危险。因此，扶手及其连接件应安装牢固，扶手材料一定要满足一定的抗压强度和抗拉强度，保证使用安全。

对于扶手的尺寸要求，前文"相关规范标准"部分已有所描述，此处不再赘述。

（四）楼梯与电梯

1. 楼梯

根据《家庭无障碍建设指南》，居住建筑的公共楼梯宜采用直线形楼梯。楼梯宜在两侧做扶手，多层住宅的楼梯梯段的净宽度不应小于 1.0m，高层住宅的楼梯梯段的净宽度不应小于 1.1m；每段楼梯的踏步数不应超过 18 级，也不应小于 3 级，每级踏步的高度应均匀设置；距踏步起点和终点250mm～300mm 处宜设提示盲道，提示视觉障碍者前方高度发生变化；楼梯间照明灯具的布置应能形成充足的照明，并均匀覆盖到楼梯间和休息平台，灯具的位置不宜设在人眼的正前方，避免形成眩光；楼梯踏步及休息平台应设置低位照明，高度以距地面 300mm～400mm 为宜（如图 2-36 所示）。

图 2-36 无障碍楼梯

2. 电梯

根据《家庭无障碍建设指南》，电梯呼叫按钮高度为 0.90m～1.10m，电梯门洞的净宽度不应小于 900mm，候梯厅应设电梯运行显示装置和抵达音响；轿厢门开启的净宽度不应小于 800mm，在轿厢的侧壁上应设高 0.90m～1.10m 带盲文的选层按钮，盲文宜设置于按钮旁，轿厢的三面壁上应设高 850mm～900mm 的扶手，轿厢内应设电梯运行显示装置和抵达音响，轿厢正面高 900mm 处至顶部应安装镜子或采用有镜面效果的材料（如图 2－37 所示）。

（五）入口门

门的形式多种多样，常见的有平开门、推拉门和折叠门（见图 2－38、图 2－39、图 2－40）。

图 2－37　无障碍电梯

图 2－38　平开门

图 2－39　推拉门

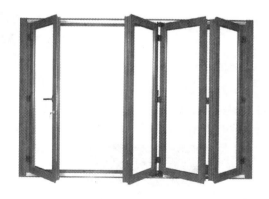

图 2－40　折叠门

平开门的优点是气密性、隔声性、耐久性好，安全性能好，但在开闭操作时所伴随的身体移动幅度较大，肢体障碍者尤其是乘坐轮椅者使用时会不太方便；另外，门扇在开启时也会浪费一定的空间。一般老年住宅的入口门可以选择平开门，而居室内部尽量不要选择平开门。

推拉门的优点是开闭时所占用的空间比较小，开闭操作时所伴随的身体移动幅度比较小，但其气密性、隔声性、耐久性较差。安装时宜在上部安装轨道，因为门扇下部安装轨道时，轨道突出于地面，容易给通行造成障碍。

　　与推拉门类似，折叠门在开闭时所占用的空间也很小，但其气密性、隔声性、耐久性较差。推拉门对门的配件要求较高，容易损坏。

　　选择门的位置、构造以及配件时要注意以下原则：使用过程简易自然，不必耗费很大体力，减少或避免意外伤害以及利于脱险和救助。根据《家庭无障碍建设指南》，门扇的有效开启尺寸不应小于 800mm，在门扇内外宜留有一定的轮椅回转空间，以方便乘轮椅者完成开、关门的动作。在门把手一侧的墙面，应设宽度不小于 400mm 的墙面，便于乘轮椅者能够侧向接近门把手，完成开关门的动作。在设计及安装门时，应该注意避免室内外地面及门槛所形成的高差，如果不能避免，门槛高度及门内外地面高差不应大于 15mm，并以斜面过渡。门扇应设距地 900mm 的把手，把手宜选用便于抓握的杠杆式门把手，不宜选择需要手部精细动作才能完成开关门的球形门把手。平开门的门扇宜设视线观察玻璃。门扇的颜色宜与周围墙面有一定的色彩反差，以方便识别。

四、可能的改造需求

出入口的障碍主要是台阶、门的宽度以及门槛（见图 2-41）等。

图 2-41　出入口处的门槛

台阶的宽度要充足，并在双侧设置连续的扶手，条件允许时要同步设置坡道，也可采用便携式坡道以供临时使用，如图 2-42、图 2-43、图 2-44 所示。

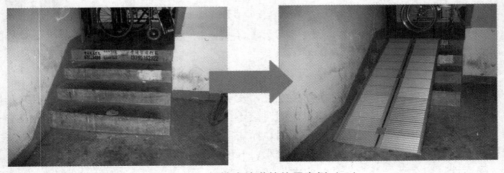

图 2-42　便携式坡道的使用案例（一）

图 2 - 43　便携式坡道的使用案例（二）

图 2 - 44　便携式坡道的使用案例（三）

对于没有安装电梯的楼梯，可以通过轮椅升降平台、座椅电梯、轮椅爬楼平台或爬楼机等设施进行改造，如图 2 - 45 至图 2 - 50 所示。

图 2 - 45　直线型轮椅升降平台

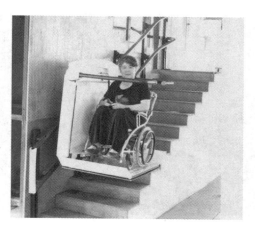

图 2 - 46　曲线型轮椅升降平台

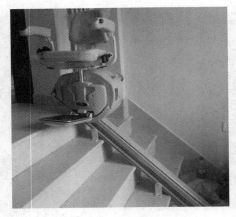

图 2 - 47　直线型座椅电梯

图 2 - 48　曲线型座椅电梯

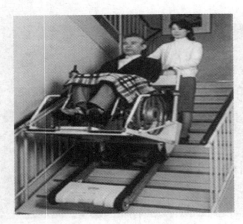

图 2 - 49　电动轮椅爬楼平台

图 2 - 50　电动轮椅爬楼机

　　门的尺度在允许的范围内要尽量放宽，在紧急情况下便于出入；对于入口门处的门槛，可利用便携式坡道或定做金属、木质的坡道来解决（见图 2 - 51）。

图 2 - 51　门槛的处理案例

另外，可在门口把手一侧安装垂直扶手辅助过小门槛或台阶（见图 2 - 52）。

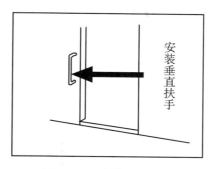

图 2 - 52 安装垂直扶手

五、项目情境分析

通过以上知识的学习，我们来分析一下王先生为其父母购买的这套房子在进行出入口设计与改造时应注意的问题。

首先回答一下适老化居家环境设计要考虑的 4 个问题：

（1）该空间要满足哪些基本功能需求？

出入口的主要功能即为让王先生的父母能够方便安全地出入。

（2）根据居住者的生活习惯需要增加哪些功能？

此项需要对王先生父母进行访谈并对其生活进行详细观察，比如是否有在门口放东西的习惯，有的话可在门侧面的墙上安装置物台。

（3）该空间建设涉及哪些标准规范？

详见相关知识部分。

（4）根据老年人的生理心理特点，该空间还需要注意哪些细节？

根据王先生父母的身体状况，要重点考虑王先生母亲乘坐轮椅出行时的安全问题。

在以上知识理念的指导下，在对该房子的出入口进行设计时我们要注意：

目前入户门为外开式，评估其是否有门槛、有效通行宽度是否大于 800mm、门扇内外是否留有足够的轮椅回转空间、门把手侧是否留有足够的空间可供王先生的母亲乘坐轮椅时靠近门把手、门把手的形状是否便于使用。可以让王先生的母亲乘坐轮椅进出一下进行试验，任何一个环节存在障碍都要进行相应的改造。

观察从入户门到小区空地的通道上是否存在障碍，比如是否有楼梯和台阶，如有的话有没有无障碍电梯可供通行；有没有符合标准的坡道供通行；有没有扶手。王先生的父亲由于活动能力尚可，可以借助扶手上下楼梯，但王先生的母亲由于要乘坐轮椅出行不能直接上下台阶，所以要为其制定合适的通行方案，根据具体情况，可选择无障碍电梯、坡道、便携式坡道、升降平台、座椅电梯等，同样要在全面评估和试验的基础上选择最佳方案。

需要特别指出的是，即使完全符合相关的标准规范，也不一定适用于特定的服务对象。比如，在《家庭无障碍建设指南》中规定了门扇开启时有效的通行宽度不小于 800mm，但是如果王先生的母亲所使用的轮椅比较宽，或王先生母亲对轮椅的操控能力较差，此时所需要的通行宽度可能不止

800mm，那么如果所提供的入户门宽度是 800mm，仍会给王先生母亲造成障碍，因此，一定要在全面评估和试验的基础上制定方案。

同 步 训 练

对自己家的出入口进行评估，评价其是否适合乘坐轮椅者出入。若不适合该如何改造？

任务三

门厅与客厅的适老化环境设计与改造

门厅也称玄关、过厅或斗室。门厅是居住空间的起始部分，也是由户外进入户内的过渡空间，具有室内换鞋、更衣或从室内通往室外的使用功能。在生活中门厅虽然面积不大，但使用频率较高，是进出住宅的必经之处。作为老年人使用的门厅，应该以能放下入户衣柜、鞋柜、坐凳、穿衣镜、提示板为宜。特殊老年人家中的门厅还应适当增加扶手来辅助老年人站立。除此之外，在门厅中还要存放外出时经常使用的物品，如雨伞、大衣、帽子、手套等，不仅使用方便，而且卫生。

客厅也称起居室。客厅是居住空间中的公共区域，是老年人起居生活的主要活动空间。客厅除了是老年人起居、休息、同家人团聚、会客的重要场所，也是老年人看电视、看书、写字、做手工、谈天说地和切磋棋牌才艺的主要休闲场所。随着老年人视力减退，睡眠时间减少，客厅要达到宽敞、明亮、有充分的天然采光的要求，客厅内采光度是老年人选择客厅的重要条件，最好是南北通透户型，更适宜老年人居住。大部分老年人晚年对心理环境要求较高，家具的造型不宜复杂，以简洁实用为主，色彩要避免缭乱，营造出亲近祥和的意境，色彩应用橙色、黄色、橘色、茶色等温和色调，使老年人心情愉悦、平静。

任务描述

3～4 名同学一组，完成下列任务：

（1）分析老年人在门厅和客厅的主要行为：

_____

_____

（2）在下列框中画出你们理想中的门厅和客厅布局，并标明相关尺寸，门厅和客厅的大小及格局均无限制：

（3）总结门厅和客厅设计的要点：

_____

_____

_____

（4）总结你们的疑问或想进一步了解的内容：

_____

_____

_____

_____

相关 知识

一、门厅区域主要功能

门厅是进出门的准备区域，可细分为以下几个区域。

(一）进门区

进门区是老年人未进门与进门间的衔接区域。设计时要考虑老年人的身体状况，保证进出方便安全。

（二）通行及准备区

通行及准备区是门厅连接居室内外的重要通道，也是老年人外出准备的区域。该区域在保证通畅的同时，应尽量满足坐轮椅老人使用轮椅的转向需求，并考虑留出护理人员的操作空间。

（三）轮椅暂放区

轮椅暂放区是暂时放置轮椅的空间，应按照轮椅折叠后的尺寸预留相应空间，且不影响老年人在门厅的其他活动，可在入户门把手后或门厅和客厅连接处放置轮椅收纳柜，方便轮椅的合理存放。

按照熟悉的程序行动，可以有效避免老年人遗忘或动作失误引起的危险。通常老年人进门时的活动程序是：（1）放下手中物品；（2）脱挂外衣；（3）坐下；（4）探身取鞋；（5）坐下换鞋；（6）撑着扶手站起（如图 2-53 所示）。出门的活动顺序大致相反。

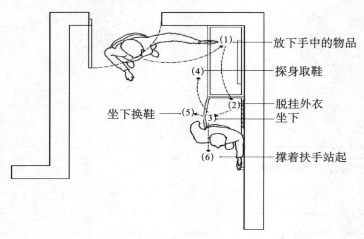

图 2-53 门厅活动程序

二、客厅（起居室）区域主要功能

客厅（起居室）是人们进行会客、交流、休闲等的地方，可细分为以下几个区域。

（一）通行区

通行区是客厅的主要通行空间，应保证足够的通行宽度和客厅的通畅度，在端处留出较大空间，方便坐轮椅老年人回转与活动。

（二）座席区

座席区是老年人在客厅看电视、待客、读书、看报、娱乐、打盹的空间。如果空间允许，除了摆放起居用的沙发和茶几，还要有老年人专座，以保证老年人在寒冷的季节里也能晒到阳光。

（三）日光及健身区

该区域位于客厅靠窗处，是老年人晒太阳的空间，应保证通风与采光良好、视野开阔，老年人也可在此进行小幅度的肢体锻炼活动。

三、相关规范标准

依据《老年人居住建筑设计规范》（GB 50340－2016），门厅和客厅的规范标准如下：

（1）老年人住宅和老年人公寓的卧室、起居室内应设置不少于两组的二极、三级插座。

（2）客厅的使用面积不应小于 $10m^2$，客厅内布置家具的墙面直线长度宜大于 3m。

（3）门厅照明标准参考值：0.75m 水平面，照明标准为 75lx。

（4）客厅照明主要有两个活动空间参考值：

1）一般活动空间，0.75m 水平面，照明标准为 150lx；

2）书写、阅读空间，0.75m 水平面，照明标准为 150lx。

（5）客厅通风口面积不应小于其地板面积的 1/20。

（6）常用电源插座高度宜为 0.6m～0.8m。

老年人经常在起居室、餐厅和厨房之间活动，餐厅、厨房装修后的地面与起居室地面之间应保持平整，避免发生羁绊的危险。客厅内的插座位置不应过低，设置高度宜为 0.60m～0.80m。

起居室（有时兼作餐厅）是全家团聚的中心场所，老年人一天中大部分时间在这里度过。为使全家人感觉舒适，应充分考虑布置家具和活动的空间。

四、区域方案设计要点

（一）门厅

1. 门厅的形式

门厅的使用频率较高，多采用进深小而宽敞的门厅，此类门厅便于老年人的起居生活，尤其是便于轮椅的通行或急救时担架的出入，除此之外，还要能使门厅更好地获得来自客厅等空间的间接采光（如图 2－54 所示）。

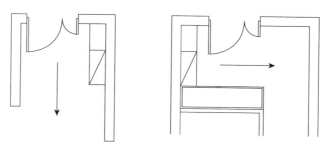

图 2－54　门厅的形式

2. 轮椅放置空间

入户门附近最好留有轮椅放置空间，也可以定制专门的轮椅收纳柜（见图2-55），便于进出门时取放。入户门附近最好有可供轮椅回转、掉头的空间，即不小于1 200mm～1 500mm的轮椅基本回转空间。入户门门槛应高低适中，门槛过高不利于轮椅进出。

3. 无障碍坡道门槛

（1）无障碍坡道门槛的尺寸。

无障碍坡道门槛是为坐轮椅老年人的进出提供方便的，通常为100mm×70mm×80mm（长×宽×高），根据入户门尺寸的不同，可以适当调节无障碍坡道门槛的尺寸。当无障碍坡道门槛高度增加20mm时，两翼也以同时增加50mm为宜（如图2-56所示）。

图2-55　轮椅收纳柜　　　　　　　图2-56　无障碍坡道门槛

（2）无障碍坡道门槛的放置。

当老年人进门时将无障碍坡道门槛打开并平铺于入户门门槛上，放置平整，无障碍坡道门槛的两翼角度适中，避免坡道过陡，以确保轮椅正常通过；当使用完毕后，可将无障碍坡道门槛收起放置在入户门的门口，以便下次使用（如图2-57所示）。

4. 敞开式入户衣架

当门厅空间较为宽裕时，可以设置衣柜或衣帽架。衣柜门不宜过宽，以免对乘坐轮椅老年人的活动构成障碍，衣帽架常用部分可做成敞开式，方便老年人拿衣取物。

当门厅的面积有限时，采用敞开式的衣帽架可以有效地节省空间。敞开式衣帽架由于无柜门，乘坐轮椅老年人取放衣物十分方便，但也有东西多时杂乱不美观的缺点。在选位时要尽量注意不设置在主要视线集中处，如正对门的位置。

敞开式衣帽架的挂衣钩高度通常为1 300mm～1 600mm，既防止碰头，又考虑到方便老年人（尤其是乘坐轮椅老年人）使用。需要注意的是供乘坐轮椅老年人使用的挂衣钩，不适合设置于靠墙角位置，以免轮椅接近困难。

5. 鞋柜

（1）鞋柜基本尺寸。

老年人进门后经常将鞋子收纳到鞋柜里，从而使房间更整洁、干净，通常鞋柜基本尺寸为1 000mm×300mm×850mm（长×深×高），根据老年居室门厅尺寸的不同，鞋柜可以按需而设，适当调节鞋柜的尺寸。并且鞋柜宜设有台面，高度以850mm左右为宜，既可以当作置物平台使用，又可以辅助老年人脱鞋时平稳站立。当鞋柜平开门时，单扇柜门的宽度不宜大于300mm。过宽的门扇在开启时会占用较多的门厅空间，如乘坐轮椅的老年人开启鞋柜时，则会没有足够的退后空间，导致门厅内活动受限。此外，鞋柜底部与地面应留有约为300mm的距离，使老年人不用弯腰就可以看到并轻松取放鞋子。

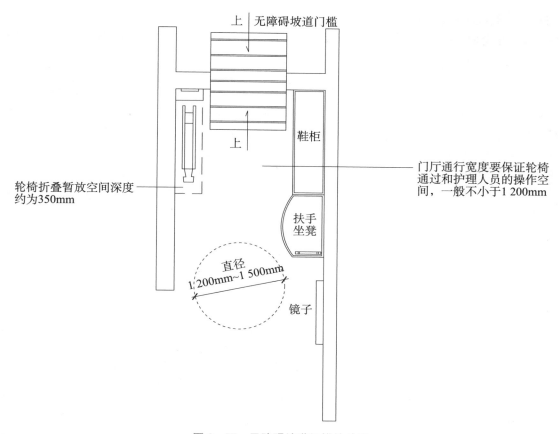

图 2 - 57　无障碍坡道门槛的放置

（2）鞋柜在门厅中的摆放位置。

老年人鞋柜在门厅中有多种摆放方式，通常可以摆放在一进门靠墙面左手侧或右手侧，也可以将鞋柜与鞋凳相互垂直摆放成 L 形（见图 2 - 58）。

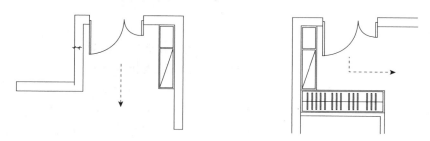

图 2 - 58　鞋柜在门厅中的摆放位置

靠墙面放置一般是比较符合老年人进门动作的，同时可以保证户门开关时不会碰撞到坐在鞋凳上的老年人。当鞋柜与鞋凳相互垂直摆放时，老年人坐在凳上取、放、穿、脱鞋子比较顺手，安全省力。

6. 扶手坐凳

扶手坐凳可以在没有扶手的情况下，为老年人提供助力作用，独立的扶手坐凳长度应不小于

450mm，坐凳上的凸起扶手可以帮助老年人完成起立动作，减少腰肌劳损带来的伤害。坐凳的深度可以较普通座位稍小，但不能小于 300mm，要保证老年人可以坐稳，如图 2-59 所示。

7. 扶手

（1）扶手基本尺寸。

扶手不仅能够为老年人提供力量辅助，帮助其安全起身，还能缓解老年人的身体疲劳。扶手连接处配件尽量配置夜光圈，既能明示扶手，又能为夜间起居带来便捷。门厅中换鞋凳旁边一般可安装 L 形或竖形扶手，L 形扶手长度一般在 700mm×400mm，竖形扶手长度一般为 800mm，如图 2-60所示。

图 2-59　扶手坐凳

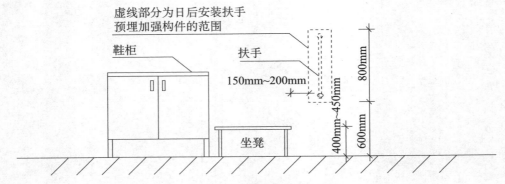

图 2-60　竖形扶手的安装尺寸

（2）扶手材质与颜色。

在老年人居室、养老机构、老年人活动的公共空间，扶手大多选取木材、树脂、塑钢等材质，但随着现代技术的应用，近些年扶手材质多选用尼龙，具有常温隔凉、防滑、防静电等作用，并且扶手表面有较大防滑纹，大大提高了老年人的抓握能力。尼龙扶手主要有白色和黄色，在老年人居室装饰过程中尽量选用较鲜明的颜色，可以使老年人快速识别到扶手，完成入户脱穿鞋等辅助动作。

8. 穿衣镜

如门厅的空间条件允许，可以在入户门附近设置能照到全身的穿衣镜。这样老年人可以在外出前照一下自己是否穿戴整齐，并且也能提醒老年人是否有遗忘的物品及出行工具。穿衣镜的镜前区域应有一定的采光，或设置照明灯，可以防止老年人因光线昏暗而照镜子时视线不清。为防止坐轮椅老年人对穿衣镜镜面的碰撞，镜面下沿应高于地面至少 300mm。

9. 提示板

提示板可设于入户门内侧门上或鞋柜台面上方等易被老年人看到之处，提醒老年人出门前应做的事情，例如检查物品是否带齐，是否关闭了家中所有的水、电、燃气开关等，包括现代人出门提醒内容"身、手、钥、钱"——身份证、手机、钥匙、钱包，以帮助老年人在一定程度上弥补由记忆衰退带来的不便。

综上，门厅可进行如下布局，如图 2-61 所示。

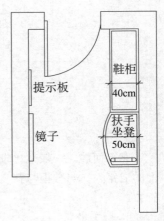

图 2-61　门厅的布局

10. 门厅地面/客厅地面

门厅地面是进入居室后第一个活动空间，人们经常会把室外的灰尘、泥土以及雨水等带进门厅。老年人骨头较脆弱，一旦摔倒就可能会造成骨折，为避免老年人摔倒，就需要对门厅地面加以处理。近年来老年人居室地面多采用耐污、防滑、防水等材质的地胶。同时，地面不宜有过大的凹凸不平，不仅方便清洁，而且不绊脚。在居家环境中常将门厅与室内其他空间的使用区分开来，应注意材质连接处要平滑，不要产生过大高差。有些老年人为了门厅内干净整洁往往会在门厅铺设防滑地垫（见图 2 - 62）或地毯，此时要注意地垫的附着性，避免老年人滑倒。

客厅地面应采用防滑、耐磨、容易清洁的材料铺设（如图 2 - 63 所示）。地面应避免凹凸不平、过大高差、连接处不平滑等因素。客厅地面不宜放置过多物品及家具，以便于老人行走、通行。

图 2 - 62　门厅地垫

图 2 - 63　客厅地胶

（二）客厅

1. 客厅的形式

老年人居住的客厅形式可分为开放式客厅和独立式客厅两种。开放式客厅是由于整个居室空间有限，客厅与卧室共用一个区域，使用起来具有一定的局限性，主要集中在老旧小区（见图 2 - 64）；独立式客厅是客厅同其他房间有明显隔离，并且有独立区域供老年人起居生活，随着现代社会的进步，人们物质需求的提高，此类居室结构的客厅形式将越来越多（见图 2 - 65）。

2. 客厅的基本尺寸

开放式客厅的开间、进深尺寸要考虑常用家具的摆放、轮椅的通行以及老年人看电视的适宜视距而确定。一般老年住宅中客厅的开间为 3 300mm～4 500mm，进深通常不宜小于 3 600mm。独立式客厅较为实用，更能满足现代老年人的居住需求。老年人随着听觉系统的衰退，不易听清旁人说话，因此客厅不宜过大，否则座席之间相隔过远，会影响客厅内起居者的交流，妨碍老年人与家人间的沟通，同时，也会影响客厅内温馨的起居氛围。客厅要满足日常生活中频繁使用的需求，客厅过小时会对起居通畅度带来一定影响，造成磕碰、绊脚等安全问题，对轮椅使用者来说，也难以完成回转动作。

此外，电视、电视柜、座席一般为客厅两侧靠墙对立布置，因为老年人的视力、听力减退，视觉模糊，所以客厅开间尺寸要适中。开间过大会使视距相应增大，老年人往往不易看清电视屏幕上的字及细节，也听不清电视发出的声音。客厅自身的进深与开间也要具备良好的比例，通常为开间：进

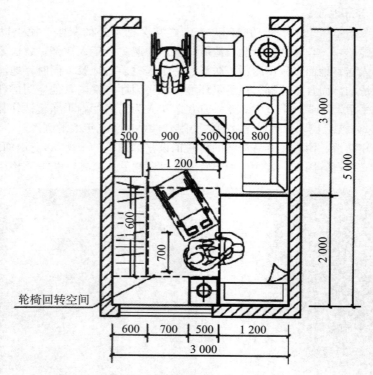

图 2-64　开放式客厅（单位：mm）

深＝1∶1.2～1∶1。进深过大时，房间深处采光较差，给老年人带来视线不清和视觉疲劳；进深过小时，不利于客厅内坐具的摆放，同时会让人感到空间视角偏小，如沙发、茶几和电视柜等摆放局促，影响正常起居功能。

　　3. 坐具

　　（1）坐具的种类。

　　客厅里的坐具主要是沙发、老年人专用座椅等。客厅是老年人在居室中活动时间最长的区域，因此客厅中的沙发和老年人专用座椅的舒适性尤为重要。

　　（2）坐具的基本尺寸。

　　沙发是老年人客厅生活的主要休闲工具，以选择舒适、靠垫和坐垫软硬适中的为宜，三座位沙发长度一般为 1 800mm～2 000mm；座面深度在 500mm～700mm；高度以 400mm～500mm 为宜，高于普通沙发（如图 2-66 所示）。并且沙发要有扶手，方便老年人起立，其中一侧扶手处可以增加一个置物台，放置老年人的水杯及药物等临时性物品，缓解经常起身带来的不便，如图 2-67所示。

　　（3）坐具的布置。

　　客厅的座席区以对着门厅方向设置为宜，保证老年人不必起身行走就能方便地看到何人来访，如图 2-68 所示；同时也能方便且实时地观察到入户门是否关好等情况，增强老年人心理上的安全感。

　　客厅坐具的摆放应留有一定的活动空间，不应过于密集与空旷，过于密集会导致老年人绕行或绊脚等问题，空旷则给老年人与家人沟通带来不便，同时，尽量不要采用大型组合沙发，以免将座

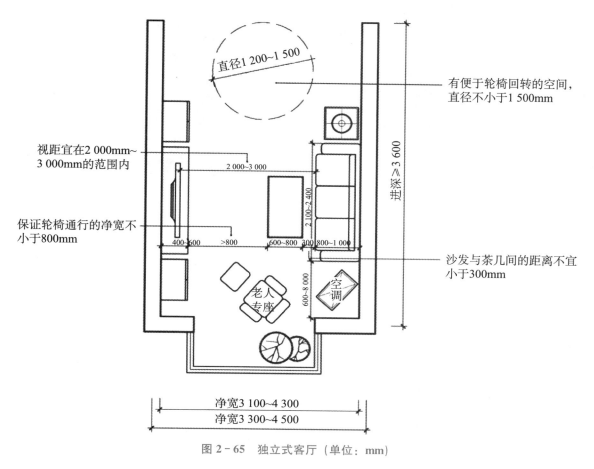

直径1 200~1 500

有便于轮椅回转的空间，
直径不小于1 500mm

视距宜在2 000mm~
3 000mm的范围内

2 000~3 000

进深≥3 600

2 100~2 400

保证轮椅通行的净宽不
小于800mm

400~600　　>800　　600~800　300　800~1 000

600~8 000

沙发与茶几间的距离不宜
小于300mm

老人专座

空调

净宽3 100~4 300

净宽3 300~4 500

图2-65　独立式客厅（单位：mm）

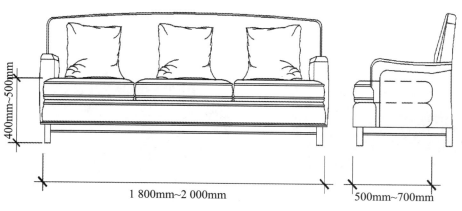

400mm~500mm

1 800mm~2 000mm

500mm~700mm

图2-66　沙发的尺寸

席区围合得过于封闭，造成通行不便。当住宅仅为老年人自住时，客厅的坐具数量不必过多，满足老年人的日常使用需求即可。当老年人的子女经常探望或客人来访较多时，沙发座椅可选择可坐、可睡的多功能沙发床，以满足子女、亲友临时留宿的需要，如图2-69所示。

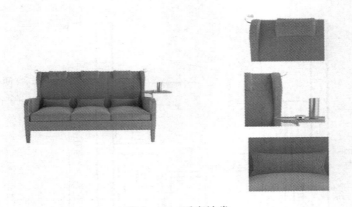

图 2 - 67　适老沙发

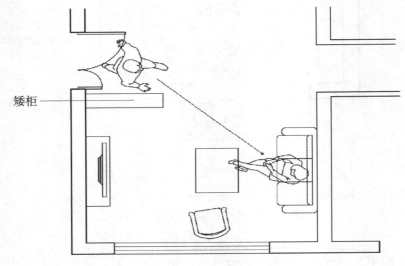

矮柜

图 2 - 68　坐具的布置

图 2 - 69　可坐可睡的沙发

　　座席区内宜设置老年人专门座椅，位置应方便老年人出入和晒太阳。老年人的座椅、板凳都要带靠背，并且椅凳的靠背板和椅面的宽度也要适中，以托住人体脊柱，保持全身肌肉用力平衡，减轻劳累。如果老年人需要使用轮椅，则应在座席区外侧留出足够的空间，便于轮椅进出，并尽可能使老年人看电视时有较好的视角。考虑到晒太阳的需要，客厅的老年人专座宜靠近窗边阳光充足处布置。同时也要注意与窗户保持一定距离，使老年人在能获得较好的自然光线照射的同时，免受外墙和门窗冷辐射、缝隙风的侵扰。

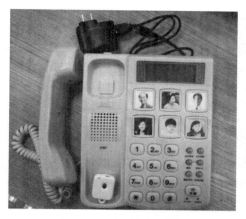

图 2-70　紧急呼叫器

4. 紧急呼叫器/电话

现代生活中的紧急呼叫器多是与电话功能同时出现的，如图 2-70 所示。通常可以将其放置在座席区外侧的边几上，既便于快捷求助，又可以方便老年人坐在沙发上使用电话，同时从其他房间过来接电话也很便捷。紧急呼叫器下面的柜子可以带抽屉，供老年人放置常用物品，例如药品、老花镜等，方便老年人侧身就能取放物品，如图 2-71 所示。

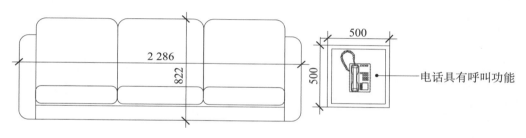

图 2-71　紧急呼叫器/电话的位置（单位：mm）

5. 茶几

（1）茶几的类型。

茶几不仅是年轻人家居中的必备家具，也是老年人家庭起居生活中的重要家具。茶几主要有圆形、方形、长方形等。茶几供人们随手放置常用物品，例如零食、茶水、电视遥控器等。茶几一定要稳固，茶几的边角以圆角为宜，并且边缘位置要略高于桌面，方便老年人放置手中物品或防止老年人拿东西时掉落。

（2）茶几的布置。

茶几作为沙发、老年人专座（见图 2-72）的配套家具，通常与坐具相协调摆放。茶几整体分为"前几"和"边几"。摆放在沙发、座椅前方的茶几称为"前几"，放置于沙发、座椅一侧的称为"边几"，如图 2-73 所示。前几与沙发之间的距离要大于 300mm，保证老年人顺利就座、活动及通过而不会造成磕碰；前几与电视柜的间距要保证轮椅单向通行，至少为 800mm。

边几的高度宜与沙发扶手高度相近，可以使老年人方便且自如地取放物品。老年人使用的茶几应略高于沙发坐面，高度通常在 500mm 左右较为适宜，坐在沙发上的老年人无须过度俯身前倾就可取放电视遥控器等物品；过低的茶几在老年人起身行走时容易造成腰部肌肉损伤，不建议老年人采用。

6. 电视机

电视机是老年人视觉放松的主要工具，老年人可以跟家人观看电视节目来共度美好时光。电视机设置的高度宜与老年人坐姿视线高度相平或略高，防止长时间低头看电视造成老年人颈部酸痛。

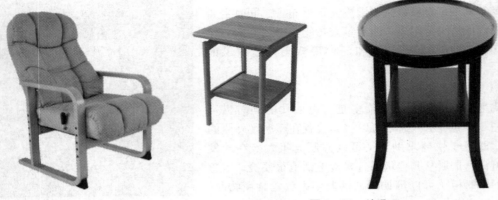

图 2-72　老年人专座　　　　　　　　　　　图 2-73　边几

最好能使老年人头靠在沙发背上观看，使眼部自然放松且颈部有支撑，以缓解观看电视的疲劳感，下图是电视机相关的常用数据（见表2-2）。

表 2-2　电视机相关的常用数据

屏幕尺寸	最佳视距 正常视距 （单位：mm）	房间净宽 （单位：mm）
540mm/21 英寸	2 700 2 100～2 900	3 000～3 800
640mm/25 英寸	3 200 2 500～3 500	3 500～4 400
740mm/29 英寸	3 700 2 900～4 000	3 900～5 000
870mm/34 英寸	4 300 3 500～4 800	4 500～6 000

7. 电视柜

客厅的电视柜是用来摆放电视的柜子，也叫视听柜。随着时代的进步，电视柜经常与闭路电视监控系统的机顶盒、音响等摆放在一起。客厅电视柜按照结构可分为地柜式、组合式、板架式等多种类型。电视柜应根据客厅大小，合理选择尺寸，电视柜过大会给老年人带来行走障碍，影响客厅的通畅度。以选择圆形边棱电视柜为宜，避免老年人随着年龄增长，腿脚不灵便带来的磕碰。此外，电视柜柜门拉手采用相对较大的把手，有利于提高老年人手部肌肉抓握的能力，方便老年人的起居生活。

电视柜宜正对座席区布置，并保证良好的视距和视角。同时，还要注意电视与窗的位置关系，避免屏幕出现反射形成光斑，使老年人无法看清屏幕上的画面。考虑到老年人的听觉、视觉会逐渐衰退，电视机与座席区的距离不宜过远，一般为2 000mm～3 000mm，如图2-74所示。

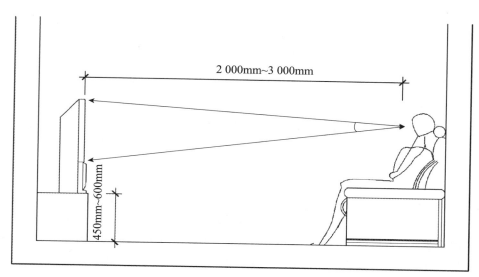

图 2 - 74　电视柜布置

　　适老化环境改造通过居室改造，家具、家电适配，为老年人提供舒适的生活环境，提高其生活质量，从而达到快乐养老、健康养老。

　　门厅和客厅的改造通常是为了增加通行的空间，有的房屋由于结构或家具的布局造成通行空间过小，当老年人需要使用轮椅等辅助器具或在紧急情况下需要救助时造成通行不便，此时，若条件允许，可对房屋结构进行调整。无法对房屋结构进行调整时，可通过改变家具的布局等，实现通行空间的扩大，实现轮椅的回转，并在通道的墙面和墙角处分别安装护墙板和护墙角，以保护墙体。

　　王先生的母亲患有类风湿性关节炎多年，行走不便，室内行走需借助助行器，外出时则要使用轮椅，门厅与客厅的装修就应优先考虑无障碍设计。

　　（1）需要在入户门处设置无障碍坡道门槛，使王先生母亲的轮椅进出方便。

　　（2）插座和开关应距离地面 1 200mm，减少老年人腰部过高和过低造成的损伤。

　　（3）在坐凳的旁边安装竖形或 L 形扶手，为老年人换鞋后的起立提供助力。

　　（4）为方便助行器着力，地面应铺设防水、防滑地胶，并应消除地面连接处台阶高差。

　　（5）客厅端头留出轮椅的回转空间，为王先生母亲日后居室内长期使用轮椅做必要准备。

　　（6）设置老年人专门座椅，方便王先生母亲平日使用助行器时高度的合理转换。

同 步 训 练

　　根据王先生父母的实际情况，你如何设计、装修门厅与客厅？

任务四

卧室与阳台的适老化环境设计与改造

　　老年人的睡眠质量一般不高，为使他们有高质量的睡眠，卧室的适老化设计尤为重要。对于老年人来说，为他们提供安全、舒适的居住环境和宽敞的活动空间是保障老年人居住权利、提高老年人生活质量的重要基础。卧室与阳台是老年人日常生活中必不可少的空间。卧室不仅是夜间睡觉的场所，也是享受生活的重要空间。特别是在卧床不起的情况下，吃饭、更衣、如厕以及洗浴之类的日常生活活动基本都是在卧室中完成，为了避免孤独、忧郁的状态，创造舒适安心的卧室环境是重点。阳台不但为老年人提供晒太阳、锻炼身体、休闲娱乐以及收存杂物的场所，更为老年人培养个人爱好、展示自我、与外界沟通搭建了平台。下面，我们将通过一个任务来探索老年人卧室与阳台的适老化环境设计与改造。

任务描述

　　任务工具准备：卷尺、高龄体验套装（见图2-75）、无障碍卧室与阳台环境、普通卧室与阳台环境。

　　任务布置：学生3～4人一组，依次穿着高龄体验套装并乘坐轮椅，完成下列任务。

　　（1）在普通卧室与阳台环境中模拟睡卧、取放物品、接打电话、晾晒衣物等动作，体验在哪些环节遇到了障碍，并分析原因。

障碍一：＿＿＿＿＿＿＿＿＿＿＿＿＿＿＿＿＿＿＿＿。

原因：＿＿＿＿＿＿＿＿＿＿＿＿＿＿＿＿＿＿＿＿。

障碍二：＿＿＿＿＿＿＿＿＿＿＿＿＿＿＿＿＿＿＿＿。

原因：＿＿＿＿＿＿＿＿＿＿＿＿＿＿＿＿＿＿＿＿。

障碍三：＿＿＿＿＿＿＿＿＿＿＿＿＿＿＿＿＿＿＿＿。

原因：＿＿＿＿＿＿＿＿＿＿＿＿＿＿＿＿＿＿＿＿。

障碍四：＿＿＿＿＿＿＿＿＿＿＿＿＿＿＿＿＿＿＿＿。

原因：＿＿＿＿＿＿＿＿＿＿＿＿＿＿＿＿＿＿＿＿。

　　（2）在无障碍卧室与阳台环境中再次模拟睡卧、取放物品、接打电话、晾晒衣物等动作，体验与普通卧室和阳台环境的差异。

图2-75　高龄体验套装

差异一：＿＿＿＿＿＿＿＿＿＿＿＿＿＿＿＿＿＿＿＿；

差异二：＿＿＿＿＿＿＿＿＿＿＿＿＿＿＿＿＿＿＿＿；

差异三：＿＿＿＿＿＿＿＿＿＿＿＿＿＿＿＿＿＿＿＿；

差异四：＿＿＿＿＿＿＿＿＿＿＿＿＿＿＿＿＿＿＿＿。

（3）利用卷尺对无障碍卧室与阳台环境中的以下尺寸进行测量。

床的高度＿＿＿＿＿＿（若床可升降，请测量坐到床上时感觉最舒适的高度）；床头柜的高度
＿＿＿＿＿＿；储物柜的高度 ＿＿＿＿＿＿；灯开关的高度 ＿＿＿＿＿＿；功能扶手的高度
＿＿＿＿＿＿；紧急呼叫按钮的高度＿＿＿＿＿＿。

（4）组内同学进行思考与探讨，通过以上任务，你得出哪些卧室与阳台环境无障碍设计的
启发？

1）＿＿＿＿＿＿＿＿＿＿＿＿＿＿＿＿＿＿＿＿＿＿＿＿＿＿＿＿＿＿＿＿＿＿＿＿

2）＿＿＿＿＿＿＿＿＿＿＿＿＿＿＿＿＿＿＿＿＿＿＿＿＿＿＿＿＿＿＿＿＿＿＿＿

3）＿＿＿＿＿＿＿＿＿＿＿＿＿＿＿＿＿＿＿＿＿＿＿＿＿＿＿＿＿＿＿＿＿＿＿＿

4）＿＿＿＿＿＿＿＿＿＿＿＿＿＿＿＿＿＿＿＿＿＿＿＿＿＿＿＿＿＿＿＿＿＿＿＿

5）＿＿＿＿＿＿＿＿＿＿＿＿＿＿＿＿＿＿＿＿＿＿＿＿＿＿＿＿＿＿＿＿＿＿＿＿

相关知识

通过以上的任务训练我们可以发现，不同的使用者和不同的家具，对卧室与阳台环境的需求是不同的。因此，在为特定的老年人设计卧室与阳台时要根据其身体的具体情况及所使用家具的具体情况进行设计。根据老年人的心理和生理特点，老年人的卧室尽量安排在朝阳的房间，让老年人有更多的时间和机会坐在家中就可以享受阳光。衣柜不适合摆在床头，尤其是紧挨床头，那样会给老年人造成压迫感，影响睡眠质量。老年人卧室里的床铺高低要适当，应便于上下、睡卧以及卧床时拿取物品，以防不慎摔伤；最好是硬床板加厚褥子，老年人不适合用软床，尤其是患有腰肌劳损、骨质增生的老年人。老年人视力也会下降，而且晚上起夜会很频繁，灯光应选用暖色光源，尽量做到方便实用，房间开关有必要做双开双控。需要特别指出的是，老年人随着年龄的增加，活动能力逐渐减退，停留在卧室与阳台的时间越来越长，这里最终会成为他们全天使用的生活空间，为使老年人活动或者家庭护理尽量方便容易，在卧室与阳台环境设计时要尽可能留有足够的活动空间，或者预留改造空间。

一、区域主要功能

（一）睡眠区

睡眠区是老年人睡觉和午休的空间，是卧室的核心功能区域，对于卧床老年人来说更是生活的中心空间。为避免凉风侵扰，应保证合适的日光照射；在床的周边要留有通行、置物空间。

（二）护理区

护理区是护理老年人的空间，应至少保证床一侧满足1m的护理空间尺寸要求。

（三）通行区

通行区是老年人行走或轮椅的通行空间，应满足轮椅通行的要求，还要留出使用家具的操作空间。

（四）储藏区

储藏区是老年人储藏衣物及日常用品的空间，应在储物柜、衣柜前留出操作的空间，可利用门后的空间设置。

（五）阅读区

阅读区是老年人在卧室里读书看报、使用电脑的空间，宜布置在靠窗处，与休闲活动区接近，并有充足的置物台面，方便老人放置水杯、药品、手机等常用物品。

（六）休闲活动区

休闲活动区是老年人在卧室内进行谈话、晒太阳等休闲活动的空间，宜靠近采光窗布置，配有书桌或座椅，并有足够的轮椅回转空间。

二、相关规范标准

依据《老年人居住建筑设计规范》（GB 50340－2016），卧室与阳台的规范标准如下。

（一）卧室的相关规范标准

（1）双人卧室不应小于 $12m^2$。

（2）单人卧室不应小于 $8m^2$。

（3）兼起居的卧室不应小于 $15m^2$。

（二）阳台的相关规范标准

（1）老年人居住建筑的套型内应设阳台。

（2）阳台栏板或栏杆净高度不应低于 1.10m。

（3）阳台应满足老年人使用轮椅通行的需求，阳台与室内地面的高差不应大于 15mm，并以斜坡过渡。

（4）阳台应设置便于老年人操作的低位晾衣装置。

（5）宜利用建筑露台为老年人创造活动场所，连接露台与走廊的坡道宽度不应小于 1.00m。

三、区域方案设计要点

（一）床的设计

1. 床的基本尺寸

老年人卧室中的双人床宜选择较大的尺寸，以免老年人在休息时相互影响，通常为 2 000mm×1 800mm（长×宽）；单人床也应选择较宽的尺寸，以 2 000mm×1 200mm（长×宽）为宜。能自由活动的老年人适合使用的床的高度为 450mm～480mm，卧床老年人床的高度可适当提高。

2. 床的摆放位置

老年人卧室中的床有多种摆放方式，通常可以三边临空放置，也可以靠墙或靠窗放置，如图 2 - 76 所示。

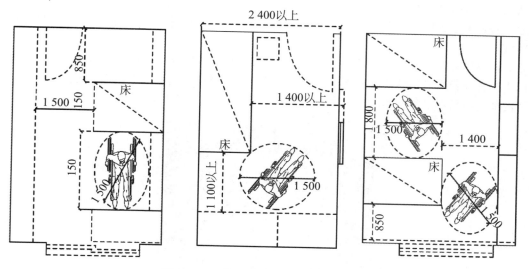

图 2 - 76　床的摆放位置（单位：mm）

床三边临空放置时，老年人上下床更方便，也便于整理床铺。当老年人需要照顾时（比如帮其进餐、翻身、擦身等），护理人员更容易操作，也便于多个护理人员协作。

床靠墙放置时，可减少一侧通道占用的空间，使卧室中部空间较为宽裕，并便于老年人在床靠墙侧放置随手可用的物品。但双人床如此摆放时，会使睡在靠墙一侧的老年人上下床不便。

床靠窗放置时，白天容易接受到阳光的照射，但可能会妨碍老年人开关窗扇，潲雨时雨水也会将被褥打湿。老年人对直接吹向身体的风较为敏感，来自窗的缝隙风也可能使老年人受凉。

需注意床头不宜对窗布置，老年人睡眠易受干扰，如果头部对着窗户，容易被清晨的阳光照醒；床头也不宜正对卧室门以免对私密性有所影响。还要避免床的长边紧靠住宅外墙，围护结构的热量得失会对床附近的温度造成影响。

3. 床边空间的重要性

床边空间是指床周围的通行、操作空间。老年人根据身体状况的不同，对床边空间的要求也有所不同。

介助期老年人的床周边应留出足够的空间，供使用助行器或轮椅的老年人接近，并可方便地活动。床周边的通行宽度不宜小于800mm，所以，卧室中以两张单人床分别靠墙摆放为佳，两床互不影响，留出较为宽裕的卧室中部活动空间。

介护期老年人最好使用单人床，床两侧长边临空摆放，便于护理人员从床侧照护老年人，护理人员的操作宽度通常不小于600mm。老年人下床活动时通常需要有人搀扶陪同，床一侧至少应有不小于900mm的通行宽度。

床边空间往往需要设置足够的台面，让老年人能在手方便够到的范围内拿取物品。

（二）床头柜的设计

床头柜对于老年人而言是必不可缺的卧室家具，既可以方便存放一些常用物品，又可以作为老年人从床上起身站立时的撑扶物。

老年人卧室床头柜的高度应比床面略高一些，老年人起身撑扶时便于施力，其高度为600mm左右即可。

床头柜应具有较大的台面，以便摆放台灯、水杯、药品等物品。台面边缘宜上翻，防止物品滑落。床头柜宜设置明格，供摆放需要经常拿取的物品；宜设抽屉而不宜采用柜门的形式，方便开启和看清内部的物品，以免老年人翻找物品时弯腰过低（如图2-77所示）。

图2-77　适合老年人的床头柜

（三）衣柜的设计

衣柜是卧室中的大型家具。衣柜的深度通常为560mm～600mm，衣柜开启门的宽度为450mm～500mm，一组双开门衣柜的长度在900mm～1 000mm。因此卧室宜有较长的整幅墙面供衣柜靠墙摆放。

衣柜不应放在阻挡光线的位置，也不要遮挡一进门的视线。衣柜前方应留出开启柜门和拿取物品的操作空间，通常不小于600mm。当选择推拉门式的衣柜时，前方距离可适当缩小。

（四）书桌的设计

书桌在老年人卧室中是一件常用的家具，老年人往往会在卧室中进行读书、上网等活动。书桌通常摆放在窗户附近以得到较好的采光。书桌也可布置在床边起到床头柜的作用，作为摆放常用物品的台面，同时可供老年人起卧床时撑扶使用。

书桌摆放时的注意事项有以下几点：

（1）当书桌靠近窗户摆放时，应注意避免与开启窗扇的冲突。当窗户为外开时，老年人必须隔着书桌伸手去打开窗户，动作幅度过大，操作不便且易发生扭伤或摔倒等危险。如果窗户为内开，开启的窗扇又会挡在书桌上，影响书桌的使用或造成站起时易碰头的危险。因此，应在窗前留出足够的可使人靠近的空间，既便于开启窗扇，又不影响书桌的使用。

（2）书桌的摆放位置还应考虑与进光方向的关系。要保证老年人使用书桌时，光线既不会直射人眼，也不会在写字时形成背光，同时不会在电脑屏幕上形成眩光。

（五）电视机的设计

老年人卧室里设置电视机是很普遍的，通常的布置方法是正对床头。当卧室开间较小时，为了保证通行宽度，电视机也可为壁挂式或布置在房间的一角。如老年人需卧姿观看，则要注意调整电视机屏幕的高度和倾角。

电视机屏幕要避免正对采光口以适应老年人日间收看。供乘轮椅老年人使用的电视机前要留有空间以便老人靠近操作。

（六）坐具的设计

老年人一般喜欢在阳台上摆放摇椅或躺椅类的坐具，方便坐在阳台上晒太阳、打盹。坐具的两侧应有扶手，防止老年人在半睡眠或睡眠状态下翻转身体时从椅子上跌落，并且在起立时起到支撑身体的作用，在落座时有助于老年人保持身体平衡。

老年人在晒太阳的同时可能会看书报、听广播，因此，可在坐具旁放置小桌或侧几，以便老年人放置书报、水杯、收音机等常用物品，保证老年人不必起身即可方便拿到（见图2-78）。

图2-78　阳台布置坐具

阳台不宜封闭，并最好配有电源插座，便于老年人使用小件电器。

（七）阳台储物柜的设计

阳台通常会存放一些不宜放在室内其他房间的杂物，可以利用阳台的角落，特别是阳台的西立面，放置储物柜或储物架（见图2-79），这样也可以减少西晒。

（八）阳台晾衣设备的设计

对于老年人来说洗衣、晾衣是一项比较繁重的体力劳动，应避免使老年人反复地弯腰、仰身，以减小劳动强度。因此，最好采用升降式晾衣竿（见图2-80），这样既可在老年人晾晒衣物时将其降至合适的高度，又可在晾挂衣物后将其上升避免衣物遮挡光线，同时保证了老年人动作的舒适安全性，防止老年人向上够挂衣物时跌倒或拉伸受伤。

晾衣竿摇柄的安装高度距离地面不应超过1 200mm，以便兼顾坐轮椅的老年人使用。在阳台的两端也可增设较低的固定晾衣竿，方便老年人平时挂晒小件衣物，既不影响居室的视线又使阳光能更多地照射进房间。晾衣竿的高度应当不超过老年人手臂轻松斜抬的高度，通常为1 500mm～1 800mm。

图2-79 利用阳台角落设置储物柜

（九）阳台护栏的设计

封闭式阳台为了获得更好的光线和视野，往往会采用落地玻璃窗。此时有必要在玻璃内侧设置护栏，一方面可以避免老年人产生恐高感，另一方面也能防止轮椅误撞阳台玻璃。

对于开放式阳台，阳台护栏不宜采用实体栏板，而应选择部分透空、透光的栏杆形式，保证通风良好，便于老年人坐着也能获得良好的视野，须注意在阳台栏杆底部应设有一定高度的护板，防止物品掉落。

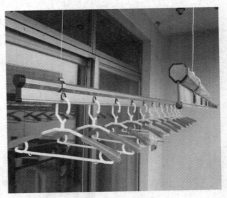

图2-80 升降式晾衣竿

阳台栏杆的常见高度为1 100mm～1 200mm。阳台栏杆须结实、坚固，栏杆与周围墙体、地面的连接处应加固。在保证坚固、安全的基础上，阳台栏杆不宜过粗、过密，否则会影响光线的透过，也会给窗玻璃的清洁带来不便。阳台栏杆还应防雨、防锈、易擦拭。栏杆供撑扶倚靠的横杆部分应选择触感温润的材质，并可以做成扁平的形式，提高扶靠时的舒适度。阳台的栏杆还可以兼作晾晒架，如图2-81、图2-82所示。

图2-81 加护栏的封闭式阳台

图2-82 安装护栏的开放式阳台

四、设计要点总结

（一）卧室设计要点（见图 2-83）

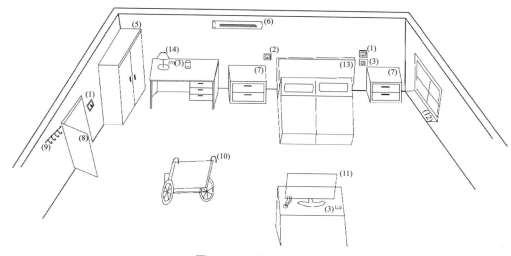

图 2-83 卧室设计要点

（1）卧室的灯应设双控开关，其中一处在门边明显的位置，另一处靠近床头，方便老年人随时开关。

（2）在床头宜设紧急呼叫器，以保证老年人能方便按到。

（3）台灯、电视、电脑、音响等小电器的插座和相关接口应设在床头柜台面或桌面之上。

（4）为保证老年人晚间活动安全，应提高卧室的整体照明亮度，选用 LED 吸顶灯、节能灯泡。

（5）衣柜前方宜留有足够的取衣置物的空间。使用的衣柜多设置隔板等配件，减少衣服挂置的空间。

（6）空调不宜设在直接吹向床头和老年人的座位处。

（7）卧室床的两侧应设置床头柜，便于老年人找取收纳的物品，放置水杯、眼镜、药品以及睡觉时脱下的衣物。

（8）卧室进门处宜宽敞，不宜狭窄或有拐角，防止急救时出入不便。

（9）门后墙面宜设置挂钩，方便老年人挂衣帽等用品。

（10）老年人卧室的进深宜比一般卧室略大，一是在卧室中留出足够的活动区域；二是为轮椅转换留出空间。

（11）将电视屏幕调整到适宜的高度，以便于老年人在卧姿状态下观看。

（12）宜在老年人卧室中设置飘窗，便于老年人随时晒太阳。

（13）为避免老年人睡觉时互相干扰，宜分床或分房休息。

（14）为方便老年人阅读，在床头和书桌上应设台灯，作为辅助光源。

（15）在设置暖气位置时，应避免被家具、窗帘遮挡，最好采用地热取暖。

（16）电视、电脑屏幕避免正对窗户，以免反光。

（二）阳台设计要点（见图2-84）

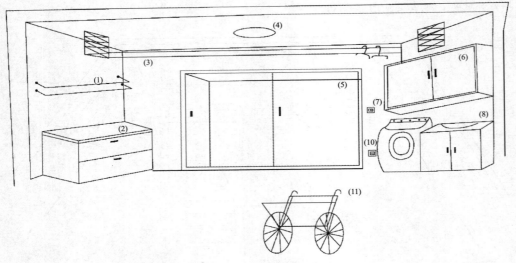

图 2-84　阳台设计要点

（1）为避免晾晒衣物时遮挡光线、视线，可在侧边设置晾衣竿，这样也不会影响老年人在阳台的活动。

（2）在空间充足的情况下，可设置台面以便放置花盆、鱼缸等，方便老年人浇水、欣赏。

（3）为方便老年人晾晒衣物，在阳台上宜采用升降式晾衣竿。

（4）避免灯具与升降式晾衣竿相互妨碍，安装时注意二者的位置。

（5）保证阳台与室内的隔断门之间畅通，并能够满足室内采光通风的要求。

（6）在保证阳光充足的前提下，阳台可设置储物柜，用以放置杂物。

（7）阳台上宜配有使用洗衣机时所需的上下水和电源插座。

（8）阳台内需在洗衣机周边设置操作台和洗涤池，以供老年人放置物品和取水时使用。洗涤池上方安装灯具用以照明。

（9）保证房间地面干净，避免地面潮湿导致老年人滑倒受伤，可在阳台上设置晾晒架，使老年人无须反复走动。

（10）阳台墙壁预留电源插座，以便使用清扫器等家电。

（11）若阳台比较宽敞，可以留出部分空间用以摆放坐具，方便老年人休息。

（12）为避免老年人滑倒摔伤，应保持阳台地面干燥，阳台的地面材质须防水防滑。

（13）保持阳台栏杆扶手干净，除了便于老年人扶靠还可用来晒被褥、衣物等。

（14）阳台护栏设置坚固并且距离适当，不遮挡老年人视线并保证通风，护栏不宜过密。

（15）阳台上放置空调机位应注意机器散热，保证空调工作效率。

（16）阳台与室内地面在一个平面，方便使用轮椅的老年人出入，同时也避免老年人进出阳台时不慎摔伤。

卧室和阳台区域常见的改造需求包括：

（1）更换护理床，方便卧床老年人的体位变换。

（2）床旁及通行空间加装扶手，辅助行走和体位变换。

（3）定制家具。一些家庭中为了增加收纳空间而设计了顶柜（见图 2-85），老年人在使用时需要踩着凳子才能够到，这是很危险的，一些坐轮椅的老年人甚至连普通高度的衣柜也无法使用，此时，可为其定制有下拉杆的无障碍衣柜（见图 2-86）。

图 2-85　顶柜

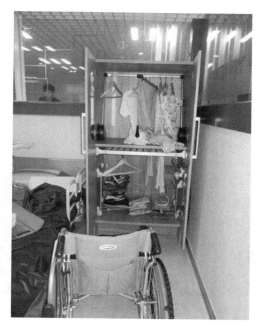

图 2-86　有下拉杆的无障碍衣柜

（4）调整家具布局，扩大通行空间。

六、项目情境分析

通过以上知识的学习，我们来分析一下王先生为其父母购买的这套房子在进行卧室与阳台的设计与改造时应注意的问题。

首先回答一下适老化居家环境设计要考虑的 4 个问题：

（1）该空间要满足哪些基本功能需求？

卧室的基本功能包括睡眠、学习、娱乐、活动。

阳台的基本功能包括接受光照、呼吸新鲜空气、晾晒衣物、进行锻炼、储藏物品。

（2）根据居住者的生活习惯需要增加哪些功能？

要详细了解王先生父母的生活习惯，了解要不要在卧室与阳台增减功能，比如是否需要在卧室设置阅读区，是否把休闲活动区移至阳台，阳台是否需要增加晾晒区和储物区等。

（3）该空间建设涉及哪些标准规范？

详见相关知识部分。

（4）根据老年人的生理心理特点，该空间还需要注意哪些细节？

由于王先生父亲患有冠心病，母亲行动不便，卧室内床的摆放尽量采用三边临空形式，并减少物品摆放，还要考虑有时可能需要人来协助操作，因此要留出足够的空间；阳台的四周安装扶手，晾衣设备宜采用升降式晾衣竿。

在以上知识理念的指导下，我们可对该房子的卧室与阳台初步进行以下设计：

（1）卧室门换为隔音效果好的推拉门，有效通行宽度为 900mm。

（2）卧室的床头和门口设双控开关。

（3）在卧室更换顶灯，增加照明。

（4）为避免作息时间不同、起夜、打鼾或翻身等因素影响睡眠，可以摆放两张单人床（见图 2-87）。若老人不接受分床睡，也可以选择功能性互不干扰的床垫。

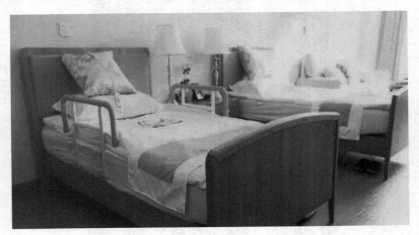

图 2-87　卧室摆放两张单人床

（5）卧室与阳台宜减少物品及收纳柜，以便通行。

（6）根据王先生父母尤其是其母亲的行为习惯，安装合适的扶手。

（7）空调出风口不宜直接对向老人休息的床铺以及座位，避免身体受凉（见图2-88）。

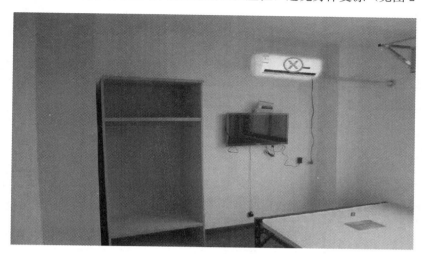

图2-88　不恰当的空调出风口方位

（8）洗衣和晾衣功能区设置在阳台上，以减少王先生母亲的走动。

同 步 训 练

根据王先生父母的实际情况，你如何设计、装修卧室（主卧或次卧）和阳台？

任务五

厨房与餐厅的适老化环境设计与改造

　　周到细致的厨房与餐厅设计是保证老年人实现自主生活的基础。老年人的日常生活很大一部分是围绕厨房与餐厅展开的，在此停留的时间也相对较长。因此，厨房与餐厅的设计要确保老年人能够安全、独立地进行操作，要做到省力、高效，以支持老年人完成力所能及的家务劳动，从而获得自信和愉悦。除备餐、就餐外，老年人往往还会利用餐桌的台面进行一些家务、娱乐活动，例如择菜、打牌等。因此，厨房与餐厅成了一个与起居室同等重要的公共活动场所。下面，我们将通过一个任务来探索老年人厨房与餐厅的适老化环境设计与改造。

任务描述

　　任务工具准备：卷尺、高龄体验套装、无障碍厨房与餐厅环境、普通厨房与餐厅环境。

任务布置：学生 3～4 人一组，依次穿着高龄体验套装并乘坐轮椅，完成下列任务。

（1）在普通厨房与餐厅环境中模拟取放食材、切菜、炒菜、吃饭等动作，体验在哪些环节遇到了障碍，并分析原因。

障碍一：_____。

原因：_____。

障碍二：_____。

原因：_____。

障碍三：_____。

原因：_____。

障碍四：_____。

原因：_____。

（2）在无障碍厨房与餐厅环境中再次模拟取放食材、切菜、炒菜、吃饭等动作，体验与普通厨房、餐厅环境的差异：

差异一：_____；

差异二：_____；

差异三：_____；

差异四：_____。

（3）利用卷尺对无障碍厨房与餐厅环境中的以下尺寸进行测量：

餐桌的高度_____（若餐桌可升降，则测量坐下时感觉最舒适的高度）；洗涤池的高度_____；洗涤池台下空间的净高度_____，净深度_____；操作台的高度_____；操作台台下空间的净高度_____，净深度_____；冰箱的高度_____；吊柜及中部柜的高度_____。

（4）组内同学进行思考与探讨，通过以上任务，你得出哪些厨房与餐厅环境无障碍设计的启发？

1）_____

2）_____

3）_____

4）_____

5）_____

相关 知识

通过以上的任务训练我们可以发现，不同的使用者和不同的设备，对厨房与餐厅环境的需求是不同的。随着年龄的增长，身体机能的退化是不可避免的现实。因此，在为特定的老年人设计厨房与餐厅时要根据其身体的具体情况及所使用设备的具体情况进行设计。需要特别指出的是，在老年人的生活中，做饭、吃饭这些行为占据了大部分时间，也是老年人生活中最惬意的一部分，而且这些活动也可以防止老年痴呆症的发生，因此厨房与餐厅应有适宜的尺度，各种常用设备应安排紧凑，保证合理的操作流程，互不妨碍，为使老年人活动或者是家庭护理尽量方便容易，在厨房与餐厅环境设计时要尽可能留有足够的活动空间，或者预留改造空间。

一、区域主要功能

（一）洗涤区

洗涤区是进行洗涤操作的空间，主要用于清洗日常需要的主食、果蔬、餐具、锅具等。

（二）操作区

操作区是做加工前准备的空间，主要对洗净的瓜果、蔬菜、主食等进行切配。

（三）烹饪区

烹饪区是进行烹饪等操作的空间，主要是烹饪准备好的蔬菜等食材。

（四）储藏区

储藏区是存放常用及备用食材、烹饪器具的空间，包含吊柜、中部柜、地柜以及冰箱。

（五）就餐区

就餐区是老年人在厨房内就近用餐或备餐的空间，可设置1～2个餐位，不影响正常通行和操作活动。

（六）通行区

通行区是厨房内的通行空间，要根据不同的需求保证一定的宽度。

二、相关规范标准

依据《老年人居住建筑设计规范》（GB 50340-2016），厨房与餐厅的规范标准如下。

（一）厨房的相关规范标准

（1）由卧室、起居室（厅）、厨房和卫生间等组成的老年人住宅的厨房使用面积不应小于4.5m²。

（2）由兼起居的卧室、厨房和卫生间等组成的老年人住宅套型的厨房使用面积不应小于4.0m²。

（3）适合坐姿操作的厨房操作台面高度不宜大于0.75m，台下空间净高不宜小于0.65m，且净深度不宜小于0.30m。

（4）配置燃气灶具时，应采用带有自动熄火保护装置的燃气灶。

（5）厨房操作台长度不应小于2.1m，电炊操作台长度不应小于1.2m，操作台前通行净宽不应小于0.90m。

（6）电炊操作台应设置洗涤池、案台、排油烟机、储物柜等设施或为其预留位置。

（二）餐厅的相关规范标准

（1）餐桌边缘至墙应保证900mm以上活动空间。

（2）餐桌与墙之间应保证900mm的通行距离。

（3）座椅与备餐台之间应保证大于等于450mm的通行空间。

（4）保证1 200mm的轮椅与一人错位通过的距离。

（5）轮椅专座附近要保证1 500mm的轮椅转换空间。

三、区域方案设计要点

（一）洗涤池的设计

1. 洗涤池的尺寸

老年人使用的洗涤池最好大一些，建议长度为600mm～900mm，以便将锅、盆等大件炊具放进洗涤池清洗，而不必在清洗时用手提持。由于一般座椅及轮椅的座面高度为450mm，人腿所占的空间高度约为200mm，因而洗涤池下部空档高度不宜小于650mm，深度不小于350mm。

2. 洗涤池的位置布置

洗涤池宜靠近厨房窗设置，以获得良好的采光。当厨房窗为内开时，须注意洗涤池水龙头的位置不要影响内开窗窗扇的开启。

3. 洗涤池的材质

洗涤池宜采用不锈钢材质（见图2-89），要在其下表面加贴隔热层，以避免用冷水洗涤时使其外表面出现冷凝水以及用热水时烫伤操作者膝盖。洗涤池上沿应与操作台台面等高，洗涤池附近地面宜设地漏。

图2-89　带凹槽的不锈钢洗涤池

（二）操作台的设计

一般厨房中常见的操作台布置方式有单列式、双列式、U形、L形和岛形等。在老年人厨房中，宜优先选择U形、L形布局，这两种操作台更适合乘轮椅的老年人使用。

1. 操作台的高度

操作台的高度宜根据老年人的身高确定，符合易于施力的原则。考虑我国老年人的身高及使用习惯，通常将操作台高度控制在800mm～850mm。有条件的情况下，可采用升降式的操作台。

2. 操作台的宽度

操作台的宽度是不可忽视的问题，台面的宽度没有统一的标准，这是因为每个人家里的厨房面积不同。厨房操作台宽度一般在550mm～700mm，宽度在600mm～650mm范围内的操作台适合老年人使用。操作台宽度过小时，不便于摆放设备和物品；宽度过大时，在老年人坐姿操作的情况下，不易拿取靠里侧放置的物品。

3. 操作台设计应考虑坐姿操作

在中小户型住宅中，厨房的面积受到一定的制约，操作台间的距离一般不能满足轮椅的回转要求。这时可将常用的操作台下面留出一定的空间，一方面能作为轮椅回转可利用的空间，另一方面也便于乘轮椅老年人的身体接近主要的操作设备。

4. 操作台下部抬高便于轮椅接近

操作台地柜下部可抬高300mm，一是便于轮椅踏脚板的插入，使轮椅能从正面靠近操作台；二是较低位置的地柜不便于老年人拿取物品，乘轮椅老年人弯腰做此动作时容易发生倾倒。

5. 操作台面宜长且连续

操作台上可摆放常用物品，应尽量设置充裕的操作台面，以减少老年人从柜中拿取物品的频率。

冰箱、洗涤池与灶具之间均应设连续的台面，便于老年人（尤其是乘轮椅老年人）在台面上移动锅、碗等炊具、餐具，防止拿重物或烫物时发生危险。

6. 常用设备两侧要留出操作台面

洗涤池两侧均应留出操作台面，靠近高物体的一侧至少需留出150mm的宽度，保证老年人进行洗涤操作时有充足的肢体活动空间。

灶具两侧也应留出操作台面，靠近高物体的一侧宽度不小于200mm。操作台面方便摆放锅、碗、盘子等常用物品，要注意避开灶具明火。

洗涤池与冰箱之间宜设300mm～600mm宽的操作台面，以方便老年人拿放物品。

灶具与洗涤池中间宜留出600mm～1 200mm宽的操作台面，便于放置案板和常用的餐具等，要防止两设备距离过近，水飞溅到油锅里而产生危险，也要防止过远增加老年人操作时的劳动。

（三）吊柜及中部柜的设计

1. 加设吊柜及中部柜存放常用物品

一般住宅中，吊柜台面距离地面的高度为1 600mm，吊柜深度为300mm～350mm。但对老年人来说，吊柜的上部空间过高，不便于取放物品。因此设计老年人厨房时，应在吊柜下部加设中部柜，保证老年人（特别是乘轮椅老年人）在伸手可及的范围内能方便地取放常用物品（见图2-90）。高处的吊柜可作为储藏空间的补充或由家人使用。

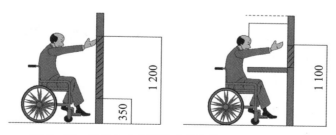

图2-90 老年人方便取放物品的范围（单位：mm）

洗涤池前和灶具旁的中部柜架最为常用。洗涤池上方可设置沥水托架，老年人可将洗涤后的餐具顺手放在中部架上沥水；灶具两旁的中部柜可用于放置调味品或常用炊具等。

2. 中部柜的安装高度与深度

中部柜高度一般在距地1 200mm～1 600mm的范围内。柜体下皮与操作台面之间还可以留出空档摆放调料瓶、微波炉等物品。中部柜的深度在200mm～250mm较为适宜，深度过大容易使人碰头，也不方便乘轮椅老年人拿取放在里侧的物品。

（四）餐台（或小餐桌）的设计

1. 布置小餐台便于就近用餐

老年人为了方便，有时会在厨房里简单就餐，特别是早餐。因此在有条件的情况下，可在厨房内布置小餐台（见图2-91），供老年人就近用餐。

图2-91　厨房内布置小餐台

2. 餐台的适宜位置与形式

餐台的摆放位置不要影响老人在厨房内的操作活动。餐台的尺寸不宜过大，通常设置1～2个餐位即可。

厨房小餐台的形式应视具体情况而定。空间宽裕时，可设固定餐台；空间局促时，餐台可采用折叠、抽拉、翻板等灵活的形式。但应注意其构造的牢固性及安全性，确保餐台不易变形或翻倒。

（五）灶具的设计

1. 灶具宜远离门窗及表具设备

灶具不要过于靠近厨房门和窗来布置，以免火焰被风吹灭或行动时碰翻炊具。灶具应尽量远离冰箱、天然气表具，以免烹饪时的火星、热油等溅到设备上产生不良影响。

2. 选用更安全的灶具

由于老年人记忆力衰退，灶具最好有自动断火功能。电磁炉灶没有明火，更适于老年人使用，特别是在公寓的简易厨房中。

（六）冰箱的设计

1. 选择合适的冰箱摆放位置

冰箱的位置应兼顾厨房和餐厅两方面的使用需求，并要便于老年人购回食品时就近存放。冰箱旁应有接手台面，供老年人暂放物品。老年人爱囤积食物，需要冷藏的营养品、药品也较多，因此要预留较大的空间放置大容量冰箱，如双开门冰箱。

2. 冰箱旁留出供轮椅接近的空间

乘轮椅老年人使用冰箱时，往往从侧向靠近冰箱取放物品。冰箱放置在墙角或夹在墙面等高起物之间时，其近旁应留出一定的空档供轮椅接近，并保证能方便地开关冰箱门（见图2-92）。

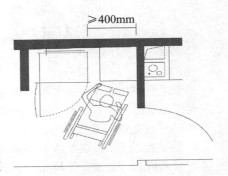

图2-92　冰箱旁留有轮椅转换空间

（七）活动家具的设计

厨房中可适当采用活动家具，使老年人的操作更加方便、省力。如轻便的餐车（见图2-93），平时可放置在操作台下部的留空部分作为储藏空间的补充，备餐时可以随时拉到需要用到的地方。可抽拉的小餐台既节约空间，又方便使用。老年人厨房的吊柜也可采用下拉式，方便乘轮椅老年人取放物品。

图2-93　轻便的餐车

（八）垃圾桶的设计

厨房中应做到洁污分区，垃圾桶的位置应设在洗涤池附近。洗涤池是产生垃圾最多的地方，就近设置垃圾桶可减少污染面积。同时还要保证其位置不阻碍通行，避免老年人踢绊。可将洗涤池下方留空，或者在操作台尽端处留出空隙，用于放置垃圾桶。

（九）热水器的设计

热水器必须接近外墙、外窗布置，达到直接对外排气的要求。热水器应尽量接近洗涤池，以方便老年人即时得到热水洗手、洗碗，避免因放掉过多的凉水而造成浪费。

四、设计要点总结

（一）厨房（见图2-94）

（1）为使行动不便的老年人减少外出购物频率，厨房以选用大容量冰箱为宜。

（2）冰箱、洗涤池和炉灶周围安装操作台，方便老年人烹饪时洗涤和放置物品。

（3）为方便老年人洗涤大型炊具，厨房洗涤池以选择大尺寸为宜。

（4）老年人记忆功能退化，为保证老年人安全，宜选用带自动断火功能的炉灶。

（5）厨房墙壁选择防油、防火、耐污、易擦拭的材质。

（6）厨房墙壁留有电器插座，以便使用电饭煲等。

（7）老年人视力下降，因此洗涤池上方应设置灯具，以便为其洗涤时提供照明。

（8）为方便老年人寻找物品，厨房宜设置开敞式储物架。

（9）为方便乘轮椅老年人在操作台上移动餐具，台面应保证连续不间断。

（10）为方便乘轮椅老年人采取坐姿操作洗涤池和灶台，柜体设置时须留出空间，此外，低柜内需留出插座，以便使用电器。

（11）为方便乘轮椅老年人活动，洗涤池和炉灶等处须设置扶手。

（12）厨房在洗涤池处应设置垃圾桶，以避免投放垃圾时滴水。

（13）为防止乘轮椅老年人撞伤，厨房柜体设置应避免使用尖头和凸起的拉手。

（14）厨房要保持良好的采光和通风，窗扇大小须达到规范要求，此外为防止物品掉落，窗户以上须安装固定扇（300mm 为宜）。

（15）为方便老年人使用收音机等设备，厨房吊柜内须预留插座。

（16）合理布置冰箱、洗涤池和炉灶，以便为老年人提供更好的使用体验。

（17）厨房地面采用防污防滑材质，以保证老年人使用安全。

（18）厨房内设置小型推车，方便老年人使用。

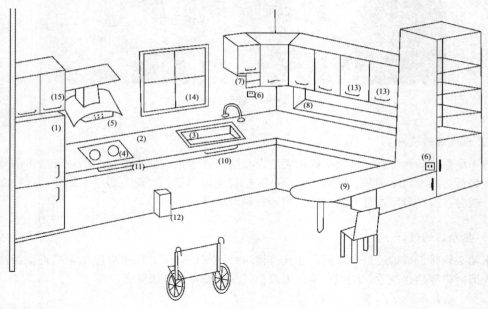

图 2-94　厨房设计要点

（二）餐厅设计要点（见图 2-95）

（1）饮水机、餐边柜等宜放置在老年人座位附近，以便老年人就餐时使用。

（2）保证餐厅通风、光线充足。

（3）根据老年人视力特征，餐厅须选用显色真实、亮度适宜、避免眩光等的照明灯具，此外，灯具高度和亮度应可调节，以便老年人擦拭和更换灯泡。

（4）可选用开放式厨房，或者在厨房与餐厅之间设置透明的门窗，便于老年人使用时交流和传递物品。

（5）为方便老年人烹饪就餐，减少老年人行动距离，厨房应与餐厅毗邻。

（6）为防止餐桌物品过于杂乱，可设置餐柜，用于放置老年人日常用品。

（7）餐厅墙壁上应预留插座，以方便使用小电器。

（8）为方便乘轮椅老年人通行，餐桌周边应留有充足的空间，以便乘轮椅老年人或护理人员活动。

（9）餐桌下须留出空间，保证老年人就餐时轮椅进出方便。

（10）餐厅地面应做防滑、防污处理。

（11）选择温馨柔和的颜色布置餐厅墙壁，以便促进老年人食欲、为老年人提供舒适的进餐环境。

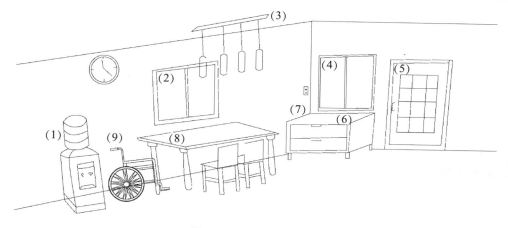

图 2 - 95　餐厅设计要点

五、可能的改造需求

（1）合理设计厨房收纳的空间，增加吊柜。

（2）安装内嵌式灶具，以降低高度。

（3）操作台面的边缘做高一些，以防止水滴到地上，还可以做扶手使用。

六、项目情境分析

通过以上知识的学习，我们来分析一下王先生为其父母购买的这套房子在进行厨房与餐厅设计与改造时应注意的问题。

首先回答一下适老化环境设计要考虑的 4 个问题：

（1）该空间要满足哪些基本功能需求？

厨房的基本功能包括烹饪、洗涤、储物。

餐厅的基本功能包括备餐、就餐。

（2）根据居住者的生活习惯需要增加哪些功能？

要详细了解王先生父母的生活习惯，了解要不要在厨房与餐厅增减功能，比如是否需要设置吊柜、是否需要增加可移动餐桌等。

（3）该空间建设涉及哪些标准规范？

详见相关知识部分。

（4）根据老年人的生理心理特点，该空间还需要注意哪些细节？

由于王先生母亲行动不便，王先生父亲患有冠心病，因此洗涤池和灶具前应为其设计扶手，地面应采用防滑、防污地砖，还要考虑可能有时需要别人协助操作，因此要留出足够的空间。随着病情加重，将来有可能在室内也需要使用轮椅，也要提前做好设计。

在以上知识理念的指导下，我们可对该房子的厨房与餐厅初步进行以下设计：

（1）在空间足够的情况下，厨房与餐厅最好结合在一起，以便减小老年人在此间的往返距离。

（2）厨房与餐厅的门换为折叠门，有效通行宽度为900mm；为节省空间应设置开放式厨房。

（3）餐厅的照明要有足够的亮度，以便老年人能够清楚地看到食物。

（4）操作台上安装可升降的开关，方便调整台面的高度。

（5）根据王先生父母尤其是其母亲的行为习惯，安装合适的扶手。

（6）为避免操作时因失误而发生危险，在厨房设计中尽量选择简单实用的电器设备。

（7）王先生母亲患类风湿性关节炎，走路不便，室内行走需借助助行器，厨房的操作台应设计为U形，保证老人安全。

同 步 训 练

根据王先生父母的实际情况，你如何设计、装修厨房与餐厅？

任务六

卫生间的适老化环境设计与改造

卫生间是居家环境中老年人最容易发生跌倒等事故的地方，卫生间的无障碍设计与改造在适老化环境中是最重要的，在资源与预算等条件有限的情况下，很多人都会选择卫生间作为首要的改造场所，本任务我们就来探讨一下卫生间的适老化环境设计与改造方法。

任务描述

任务工具准备：卷尺、高龄体验套装、无障碍卫浴环境（见图2-96）、普通卫浴环境。

任务布置：学生3~4人一组，依次穿着高龄体验套装并乘坐轮椅，完成下列任务。

（1）在普通卫浴环境中模拟如厕、沐浴、洗手等动作，体验在哪些环节遇到了障碍，并分析原因。

障碍一：_____。

原因：_____。

障碍二：_____。

原因：_____。

障碍三：_____。

图 2 - 96　无障碍卫浴环境

原因：_____

_____。

（2）在无障碍卫浴环境中再次模拟如厕、沐浴、洗手等动作，体验与普通卫浴环境的差异。

差异一：_____；

差异二：_____；

差异三：_____

_____。

（3）利用卷尺对无障碍卫浴环境中的以下尺寸进行测量：

坐便器的高度_____（若坐便器可升降，则测量坐下时感觉最舒适的高度）；洗面台的高度_____；洗面台下空间的净高度_____，净深度_____；若有浴缸的话，浴缸外沿的高度_____；呼叫按钮的高度_____。

各个扶手的高度（若为纵向扶手，则分别测量底端和顶端的高度）。

扶手一：位置_____，形状_____，高度_____；

扶手二：位置_____，形状_____，高度_____；

扶手三：位置_____，形状_____，高度_____；

扶手四：位置_____，形状_____，高度_____；

扶手五：位置_____，形状_____，高度_____；

扶手六：位置_____，形状_____，高度_____；

扶手七：位置_____，形状_____，高度_____；

扶手八：位置_____，形状_____，高度_____。

（4）组内同学进行思考与探讨，通过以上任务，你得出哪些对卫生间环境进行无障碍设计的启发？

1）_____

2）_____

3）_____

4）_____

5）_____

知识

如厕、沐浴、洗漱是卫生间的三大主要功能。对于老年人来说，还要考虑到一些特殊情况，比如老年人可能需要用到轮椅、便携式坐便器、洗澡椅等辅助器具，那么就需要有可供这些设备使用的空间；老年人在卫生间中容易发生各种意外，包括匆忙和平衡能力下降引起的跌倒、洗澡时间过长或洗澡水温度过高造成的虚脱休克、排便用力不当带来的脑出血等，因此，老年人居室的卫生间应该具备紧急呼救、及时救助等功能。另外，老年人由于自身调节能力下降，在洗澡前后最好在卫生间适应一会儿，因此，卫生间还需要有休息和更衣的功能。

根据《老年人居住建筑设计规范》（GB 50340－2016），卫生间的规范标准如下：

（1）供老年人使用的卫生间与老年人卧室应邻近布置。

（2）供老年人使用的卫生间应至少配置坐便器、洗浴器、洗面器三件卫生洁具。三件卫生洁具集中配置的卫生间使用面积不应小于 3.0m²，并应满足轮椅使用空间需求。

（3）坐便器高度不应低于 0.40m。浴盆外缘高度不宜高于 0.45m，其一端宜设可坐平台。

（4）浴盆和坐便器旁应安装扶手，淋浴位置应至少在一侧墙面安装扶手，并设置坐姿淋浴的装置。

（5）宜设置适合坐姿使用的洗面台，台下空间净高不宜小于 0.65m，且净深不宜小于 0.30m。

根据卫生间的功能，可以将其分为如厕区、沐浴区、洗漱区，设计要点如下。

（一）卫生间的整体设计要点

（1）为便于老年人夜间如厕，卫生间应该设在靠近卧室的位置，如果卧室内有独立卫生间更好。

（2）划分干湿区域。卫生间内地面容易沾水的区域叫湿区，如淋浴、盆浴区；地面不容易沾水，需要保持干燥的区域叫干区，如坐便器、洗手盆的区域。为避免湿区地面的水被带到干区造成地面湿滑，增加老年人摔倒的危险，应注意将洗浴区与坐便器、洗手盆等干区分开。

（3）空间要充足，因为老年人随着身体功能的退化，可能会用到轮椅等辅助器具，或者需要护理人员协助，此时需要充足的空间。另外，也要考虑日后老年人的身体状况发生变化时可能需要对卫生间环境进行改造，要留出改造的条件。

（4）注意细节，保障老年人的安全，包括：

1）充分的防滑措施。如地面要采用即使沾水也能防滑的材质；安装恰当的扶手，便于老年人抓握；在必要的位置铺设防滑垫，如浴缸旁边、淋浴设施下方等。

2）保证充足的采光或照明条件，避免老年人因看不清而摔倒。

3）应有通风换气和取暖设备，确保老年人洗浴时的舒适，防止因缺氧或不适宜的温度而诱发某些疾病。

4）设置紧急呼救设备，当老年人发生危险时能及时得到救助。

5）门的设置应利于发现危险并便于提供紧急救助。

（二）门及通行空间的设计

卫生间的门最好选择推拉门或折叠门，若为平开门则应向外开，防止老年人不慎跌倒时，身体可能挡住向内开启的门扇，使救助者难以进入而延误施救时间（见图 2-97）。当考虑轮椅通过时，门的有效通行净宽度应不小于 800mm。另外，门上最好设观察窗口，便于在必要时及时掌握老年人在卫生间内的情况，为了保护隐私，观察窗口可采用毛玻璃的形式（见图 2-98）。门锁应选择内外均可开启的样式，便于在紧急情况下进入救助，门把手选择易于开启的形式，安装在距地 900～1 000mm 的地方。

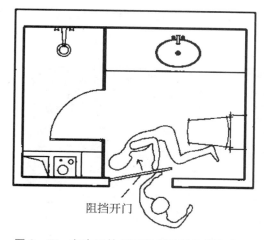

图 2-97　向内开的门可能会阻碍施救者进入

图 2-98　卫生间门上的观察窗口

（三）如厕区的设计

老年人宜使用坐便器而不应选蹲便器，坐便器的高度要使老年人方便坐下，并且坐下后双脚能够完全着地，一般以 450mm 为宜。也可采用带有电动升降装置的坐便器辅助老年人起坐（见图 2-99）。

应根据条件在坐便器的两侧或前方安装便于老年人支撑和抓握的扶手，如图 2-100 至图 2-102 所示。坐便器两侧扶手的安装位置与坐便器中心线的距离应为 400mm～450mm。坐便器侧墙扶手安装的具体尺寸见图 2-103。

坐便器的冲水装置的形式和位置应便于操作，例如操作按钮在水箱上方的则不太恰当（见图 2-104）。可采用遥控式或感应式冲洗装置，也可选择智能冲洗设备（见图 2-105），便于老年人如厕后的清洁。

另外要就近设置手纸盒和紧急呼叫器。通常设在距坐便器前沿 100mm～200mm、高度距地 400mm～1 000mm 的范围内。但是要注意将呼叫器与手纸盒及扶手的位置错开，避免在使用扶手或拿取手纸时误碰。图 2-106 展示的是典型的适老化卫浴区的方案。

图 2-99 坐便器上安装电动升降设备，
协助老年人起坐

图 2-100 L 形扶手和 U 形落地扶手

图 2-101 U 形可上翻扶手

图 2-102 135°扶手和 U 形扶手

（四）沐浴区的设计

沐浴有淋浴、盆浴两种方式，要根据使用者的喜好、身体状况及空间大小等进行选择。淋浴占地面积小，洗浴时水体清洁，可直接以坐姿进行，对于老年人来说比较安全，另外，水流冲在身上也能起到按摩的作用，能促进身体健康。盆浴能够使全身浸泡在水中，促进血液循环和肌肉放松，使人感到身心舒适，但是对于老年人来说，进出浴缸会有摔倒的风险，水太深时可能会造成心脏的不适，若泡澡过程中睡着或由于缺血等原因休克则有溺水的风险，因此，老年人应慎重选择盆浴。

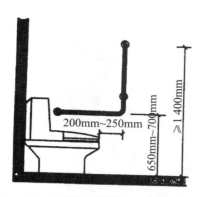

图 2-103　坐便器侧墙扶手安装的具体尺寸

图 2-104　不恰当的冲水装置

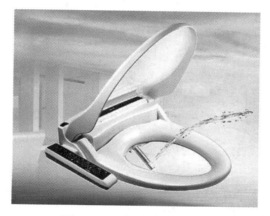

图 2-105　智能冲洗坐便盖

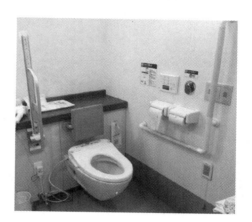

图 2-106　典型的适老化卫浴区

1. 淋浴区的设计

淋浴喷头的高度应该可以让老年人根据姿势、身高或清洗部位的不同进行灵活调节，可以采用竖向滑竿式支架，使花洒的高度可调节（见图 2-107），或在高低两处分别设置喷头支架。近年，市面上还出现了一种坐式淋浴器（见图 2-108），具有可折叠的座椅和随意调节高度与方向的双侧可雾化喷淋臂，能够满足坐姿和站姿洗浴的双重需求，而且更加舒适安全，条件允许时可以选择。

喷淋设备的开关宜设在距地面 1 000mm 左右的距离，并且要有明显的冷热水标识，方便老年人使用（见图 2-109）。

在淋浴位置附近要安装便于坐姿和站姿抓握的扶手，根据具体情况可选择 L 形或 T 形扶手（见图 2-110、图 2-111），或根据老年人的具体情况进行定制。扶手底端距离地面的高度约为 700mm，顶端的高度不应低于 1 400mm。

为了便于老年人坐姿淋浴，可为其选择一款合适的洗澡椅（见图 2-112）。

淋浴区不宜过于封闭，否则在洗浴过程中容易造成缺氧。老年人使用的淋浴区的隔断，可采用顶部留空的玻璃隔断或浴帘的形式。浴帘一类的软质隔断不会妨碍轮椅的回转，因此更为方便。另外，为了便于老年人遇到危险时能及时呼救，淋浴区还应安装呼叫设施。

图 2-113 展示了一个典型的适老化淋浴区的方案。

适老化居家环境设计与改造

图 2-107　可调节高度的花洒

图 2-108　坐式淋浴器

图 2-109　明显的冷热水标识

图 2-110　淋浴区 L 形扶手

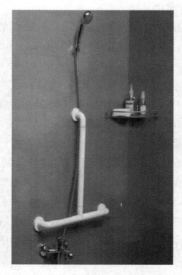

图 2-111　淋浴区 T 形扶手

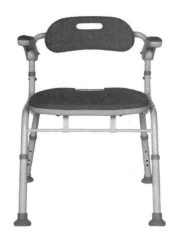

图 2 - 112　洗澡椅

图 2 - 113　典型的适老化淋浴区

2. 盆浴区的设计

盆浴区的主要设施就是浴缸，老年人使用的浴缸不宜过大，防止老年人下滑溺水，应选择能使老年人稳定地保持坐姿的浴缸。浴缸内径的长度宜控制在 1 100mm～1 200mm。最好在浴缸内放置专门的浴缸凳（见图 2 - 114），防止下滑。

图 2 - 114　浴缸凳

为便于坐轮椅的老年人进行转移，浴缸的边沿应与轮椅的座面高度相适应，约为 450mm。需要注意的是，浴缸的边沿并非越低越好，当低于 350mm 时，反而可能因为浴缸内外高差太大，造成重心不稳而摔倒，因此，浴缸边沿的高度最好在 350mm～450mm（见图 2 - 115）。同时，要设置恰当的扶手，便于老年人借力出入浴缸。根据情况可选择 135°扶手、L 形扶手、可拆卸的浴缸用扶手（见图 2 - 116、图 2 - 117、图 2 - 118）等。扶手的横向部分应高出浴缸 150mm～200mm。

条件允许的话，也可选择专门为老年人设计的浴缸，如图 2 - 119、图 2 - 120 所示。

3. 更衣区的设计

为了便于老年人就近完成擦脚、更衣、换鞋等动作，应邻近淋浴区和盆浴区设置更衣区，更衣区应放置坐凳、防滑垫等，并有存放衣物、毛巾等的空间。当因空间局促无法安排更衣坐凳时，可将洗浴区和坐便器相邻布置，坐便器兼作更衣的座位。

图 2 - 115　合适的浴缸边沿高度（单位：mm）

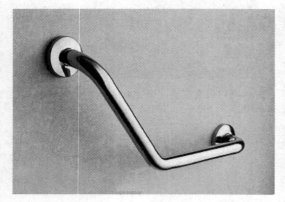

图 2 - 116　135°扶手

图 2 - 117　L 形扶手

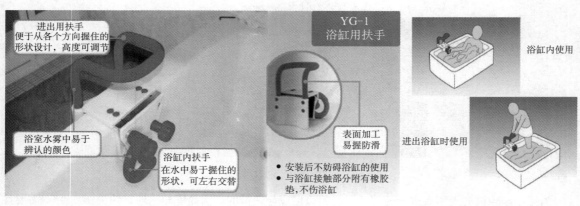

图 2 - 118　可拆卸的浴缸用扶手

（五）洗漱区的设计

洗漱区是洗脸、刷牙、梳妆的区域，一般包括洗漱台、镜子、储物柜等设施。

为老年人进行洗漱区设计时要充分考虑老年人的现实需求，比如有没有坐轮椅、需不需要坐姿操作、需不需要化妆镜、需不需要较大的储物空间等。

洗漱区宜设置适合坐姿使用的洗面台，台下空间净高不宜小于 0.65m，且净深不宜小于 0.30m（见图 2 - 121）。图 2 - 122 展示了洗漱台周边的其他尺寸要求。

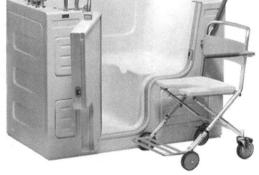

图 2-119 开门式浴缸

图 2-120 边进式浴缸

图 2-121 洗漱台下方有充足的
空间供坐姿操作

图 2-122 洗漱台周边尺寸要求

可以在洗漱台旁放置带轮的坐凳（见图 2-123），方便老年人有需要时使用。

图 2-123　洗漱台坐凳

另外，还可根据使用者的身体情况，在洗漱台周围设置便于抓握和支撑身体的扶手。有多种形状可选，如图 2-124、图 2-125 所示。

图 2-124　洗漱台扶手一　　　　　　　　图 2-125　洗漱台扶手二

镜子的设置也要考虑到便于坐姿时使用，可以做成倾斜式的（见图 2-126）。

可以充分利用镜子两侧或洗漱台两侧的空间设置储物柜，便于老年人取放常用物品（见图 2-127）。不要在洗漱台下方设置储物柜，以免影响坐姿操作。

（六）其他相关设计

（1）为了便于通过老年人的排泄物等观察老年人的身体状况，卫生间中所有的洁具均应采用白色。照明灯具应具有较好的显色性，以便于观察老年人面部及身体的状况。

（2）洗漱台上方应预留插座，便于使用吹风机等小型电器，位置在台面 200mm 以上，并注意加装防水盖。坐便器后侧墙面也应预留插座，供智能坐便器等设备使用。

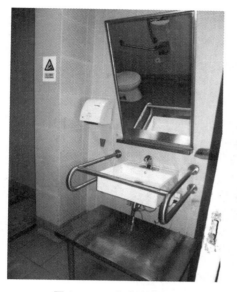

图 2-126　倾斜的镜子

图 2-127　洗漱台旁的储物柜

四、可能的改造需求

（1）门的改造，包括剔除门槛，将向内开的平开门改成向外开、平开门改成推拉门，增加门的宽度等。

（2）蹲便器的适老化改造，可安装横向或纵向扶手（见图 2-128），也可配备便携式坐便椅（见图 2-129），或直接将蹲便器改为坐便器。

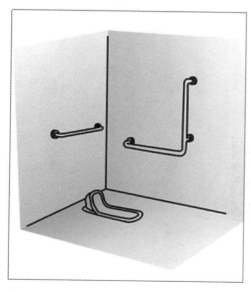 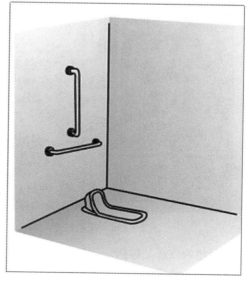

图 2-128　蹲便器的无障碍改造

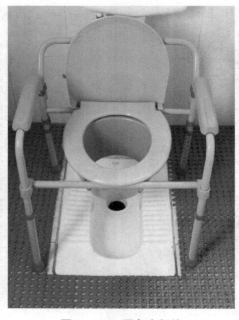

图 2 - 129　配备坐便椅

（3）坐便器的适老化改造，包括安装合适的扶手、增加坐便器的高度、改变冲水装置或安装智能便盖等。当不具备安装扶手的条件时，也可通过使用简易扶手进行改造（见图 2 - 130）。坐便器过低时，可加装马桶增高垫（见图 2 - 131）。

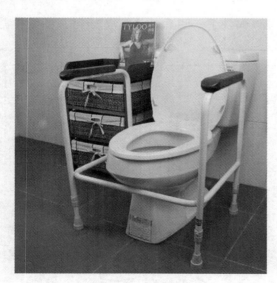

图 2 - 130　简易扶手

图 2 - 131　马桶增高垫

（4）洗手池的改造，包括安装扶手、洗手池下方挑空便于轮椅推入及镜子的改造等。

（5）沐浴区安装扶手、设置洗澡椅等。

（6）地面防滑处理及安装呼叫装置。

通过以上知识的学习，我们来分析一下王先生为其父母购买的这套房子在进行卫生间设计与改造时应注意的问题。

首先回答一下适老化居家环境设计时要考虑的 4 个问题：

（1）该空间要满足哪些基本功能需求？

卫生间的基本功能包括如厕、沐浴、洗漱。

（2）根据居住者的生活习惯需要增加哪些功能？

要详细了解王先生父母的生活习惯，了解要不要在卫生间增减功能，比如是否需要把洗漱区挪至卫生间外面、是否需要增加洗衣区等。

（3）该空间建设涉及哪些标准规范？

详见相关知识部分。

（4）根据老年人的生理心理特点，该空间还需要注意哪些细节？

由于王先生母亲行动不便，洗漱和沐浴时要为其设计坐姿操作的条件，还要考虑可能有时需要别人协助操作，因此要留出足够的空间。随着病情加重，将来有可能在室内也需要使用轮椅，也要提前做好设计。王先生父亲患有冠心病，要特别注意在洗澡和如厕时的安全问题。

在以上知识理念的指导下，我们可对该房子的卫生间初步进行以下设计（见图 2-132）：

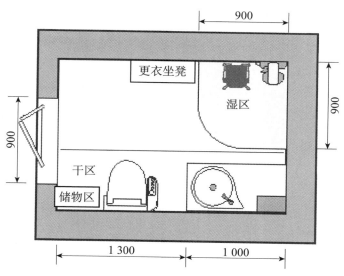

图 2-132　卫生间设计（单位：mm）

（1）门换为折叠门，有效通行宽度为 900mm。

（2）干区湿区分离，并在淋浴区旁边设置更衣区，便于老年人洗浴后直接更换衣物和干的鞋，避免打湿干区地面。

（3）采用具有智能冲洗和电动升降功能的坐便器，若经济条件不允许也可采用普通坐便器加装扶手。

（4）根据王先生父母尤其是其母亲的行为习惯，安装合适的扶手。

（5）为了便于王先生母亲将来使用轮椅，淋浴区采用软帘隔断。

（6）创造坐姿洗浴和洗漱的条件，方便王先生母亲使用。

（7）配合充足的照明，以及通风及保暖设施。

同 步 训 练

（1）针对该卫生间，请详细做出你的设计方案。

（2）评估一下你家的卫生间是否适合老年人使用。如不适合，你有哪些改造建议？

项 目 三

适老化居家环境设计
与改造中智能化设备的应用

学习
目标

知识目标

1. 了解适老化居家环境改造中智能化设备的主要功能；
2. 掌握适老化居家环境改造中智能化设备的安装标准；
3. 熟悉适老化居家环境中智能化设备的规范应用。

能力目标

1. 能够进行居室内适老化智能设备的应用设计；
2. 能够对适老环境进行智能化、适老化改造。

素养目标

1. 在适老化居家环境设计中应用智能化设备时充分考虑老年人的身心特征；
2. 能够用充分的专业素质为老年人创造出安全、便利的舒适环境。

　　老年人居室套内空间一般包括门厅、起居室（厅）、卧室、厨房、餐厅、卫生间、阳台等功能区，在对各功能区进行适老化环境设计时，可借助一些智能化的设备提高老年人的生活质量。

情境导入

　　王先生，40岁，是某企业的中层管理人员，平时工作较忙。父母都已年近70，独自居住在老家。母亲患类风湿性关节炎多年，走路不便，室内行走需借助助行器，外出时则要使用轮椅。父亲患有冠心病，不能剧烈活动，但日常生活不受限制。考虑到父母需要有人照顾，王先生在自己居住的小区里为二老买了一套两居室的房子（户型图见图2-2），打算装修好后，将父母接过来，方便尽孝。同时，由于王先生平时工作很忙，不能经常去父母家里，但是又想时时了解父母的生活状况，那么在智能化设备方面应该怎么设计呢？

情境分析

　　为了帮助王先生完成房子的智能化设备设计方案，我们首先回答适老化居家环境设计的4个问题：

　　（1）该空间要满足哪些基本功能应用需求？

　　要满足王先生父母的日常生活起居需求，同时也要考虑到智能化设备的应用环境，由于王先生一家不能时时过来探望，王先生可以通过互联网设备了解父母的生活状况。

　　（2）根据居住者的生活习惯需要增加哪些智能化功能？

　　回答该问题需要进一步评估王先生父母的生活习惯，比如是否需要上网阅读、是否需要和社区中心进行远程交互等，如有需求则要在环境设计中加以体现。

　　（3）该空间建设涉及哪些标准规范？

　　设计中要考虑《老年人居住建筑设计规范》（GB 50340-2016）、《无障碍建设指南》、《智能建筑设计标准》（GB 50314-2015）等。

　　（4）根据老年人的生理心理特点，该空间还需要注意哪些细节？

　　王先生的母亲需要使用助行器和轮椅，在设计中需要考虑相关空间及智能化设备的尺寸要求；王先生的父亲不能剧烈活动，所以从空间布局及居家智能化设备设施的选择上要尽量便捷省力。由于王先生不能总在家，应该考虑到方便王先生远程了解父母的紧急状况。

　　两位老人在一天的生活中要进行起床、排泄、洗漱、制作早餐、吃早餐、出门锻炼身体、回到家里等一系列活动（见图3-1），他们都需要用到什么家具及辅具呢？

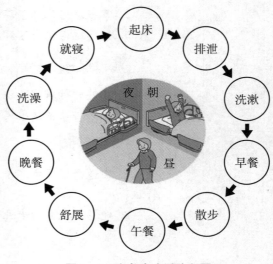

图3-1　老年人生活流程图

老年人客厅常用的智能化设备

　　客厅是一家人休息、团聚的地方，也是住宅中的核心空间。此外，客厅也是老年人日常生活中停留时间最长的地方。因此，保证全家人能在其中舒适地生活是很重要的。在前期设计时，应该考虑到这一点。

任务描述

　　（1）任务工具准备：卷尺、轮椅、助行器、智能控制面板、智能窗帘、老年人智能 pad（平板电脑）、自动起坐沙发、智能电视。

　　（2）任务布置：学生 3～4 人一组，根据老人身体数据完成下列任务。

　　选择一名同学扮演老人，分别乘坐轮椅及使用助行器完成以下动作：晚餐后进入客厅→伸手触控墙上智能控制面板打开智能灯光→使用自动起坐沙发坐下→使用 pad 打开电视机欣赏节目，使用 pad 关闭电视机→使用 pad 闭合窗帘→使用自动起坐沙发助力站起回到卧室。

　　进入客厅：□无障碍　　□有障碍，具体描述

_____。

　　开灯：□无障碍　　□有障碍，具体描述

_____。

　　使用自动起坐沙发坐下：□无障碍　　□有障碍，具体描述

_____。

　　使用 pad 关闭窗帘：□无障碍　　□有障碍，具体描述

_____。

　　使用自动起坐沙发站起回卧室：□无障碍　　□有障碍，具体描述

_____。

　　（3）组内同学进行思考与探讨，通过以上任务，你得出哪些对起居室环境进行无障碍智能化设备设计的启发？

　　1）_____

　　2）_____

　　3）_____

　　4）_____

　　5）_____

 知识

图 3-2 弱电智能开关

弱电智能开关（如图 3-2 所示）与集中控制相配合应用，使得控制更加安全、快捷、便利。由于内部为弹簧压板式设计，老人使用更轻便。通过与单元之间低压信号的传送，弱电控制开关取代传统的强电直接控制开关，有效避免老人使用时发生触电的危险，不论是开关控制还是用电都更方便、更舒适，在一个面板上可集成调光、开关窗帘等多种控制功能。

智能窗帘（如图 3-3 所示）方便操控，使用体验更舒适，由 pad 及墙面弱电智能开关控制，老人打开窗帘不需要费力到窗帘边去用手拉开合窗帘，只需手拿 pad 按下控制键，便可实现窗帘的自动开合、升降，十分便利。并且使用智能窗帘与智能时代接轨，融入现代舒适生活能让老人感到身心愉悦。

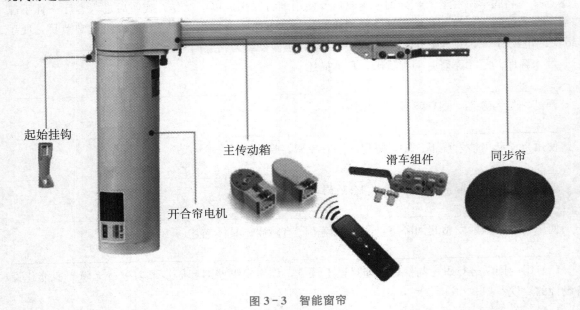

起始挂钩

主传动箱

滑车组件

同步帘

开合帘电机

图 3-3 智能窗帘

助起沙发（如图 3-4 所示）可一键控制沙发起卧，老人坐下时无须使用腰部力量，起身时腿部

与膝关节无须受力。可伸缩遥控线，照顾到老人站立弯腰不方便，从而更舒适地使用沙发遥控器。采用原生海绵＼丝绵，硬度相对普通沙发更适合老人，可缓解久坐导致的腰酸背痛。

图 3 - 4　助起沙发

四、智能电视

智能电视的电视屏幕及遥控器上字体更大（如图 3 - 5 所示），让老人看电视时不再受老花眼的影响。加大电视初始音量，为老人提供更贴心的电视观看体验。电视在一个频道停留 3 小时以上，会自动提示即将休眠，这个功能是根据老年人看电视容易瞌睡的习惯开发的，既节省电，又不影响老年人睡眠。电视机体上配置按键——寻找遥控器，即使在待机状态下，按下后，遥控器仍然可以发出响声，让老人不再为找不到遥控器而烦恼。老人电视的出现，不仅填补了电视市场对于老人这一特殊用户群体的需求空缺，更可以带给长辈舒心、贴心、安心的用户体验。

图 3 - 5　智能电视

五、老年人智能 pad

老年人智能 pad（如图 3-6 所示）内部设置各种娱乐节目 App，专为老人设计的闹钟程序避免老人忘记吃药等重要事情，天气预报 App 智能语音播报，及时提醒老人天气情况，注意保暖。根据老年人生理情况，特别设计大声音、大字体、大图标及大按键，更方便老人使用。支持子女远程协助操作，通过关联智能家居主机联网控制窗帘、灯光、电视机等家用电器。内置紧急呼救系统，如果发生危险，可以触动紧急按钮报警。报警时，触摸屏显示报警区域，拨打指定的电话，并发送报警信息到手机，输入密码，可以解除报警。

图 3-6　老年人智能 pad

同 步 训 练

通过网络或其他渠道了解还有哪些客厅可用的智能化设备，并对其功能进行详细介绍。

任务二

老年人厨房常用的智能化设备

现代智能厨房不仅是一个能让更多的人享受烹饪食物所带来的快乐的地方，更是一个让家人团聚的地方。在这里无论身体残疾与否，每个人都应该感到平等。一个设计合理的厨房，能够有效满足人们的需求。厨房对老年人也是至关重要的，现代智能厨房设计应能让老年人在没有他人帮助的情况下享受到厨房烹饪所带来的快乐。

 任务描述

学生 3~4 人一组，完成下列任务：

（1）对以下尺寸进行测量：

吊柜、灶台的定制高度＿＿＿＿＿；电器的位置＿＿＿＿＿；窗户的推拉位置＿＿＿＿＿；门口的宽度＿＿＿＿＿；报警器的位置＿＿＿＿＿；防撞条的长度＿＿＿＿＿。

（2）选择一名同学扮演老人，分别乘坐轮椅完成以下动作：

无障碍厨房：吊柜拿取物品→灶台高低调节；

无障碍餐桌：正常使用→坐轮椅升降调节。

相关 知识

一、升降橱柜

升降橱柜（如图 3-7 所示）也称无障碍厨房吊柜，由橱柜和升降轨道组成，电源 200V～220V，最大负荷 110kg，包括 1 个升降电机、1 个托架和开关，设有安全触碰停止装置，按钮设置在灶台右侧，适合长期坐轮椅的老人。

图 3-7　升降橱柜

二、升降灶台

升降灶台（如图 3-8 所示）也称无障碍厨房电动升降灶台，由灶台和升降轨道组成，有 4 个支架，长度 510mm，升降开关可安装在台面前的任意位置，控制台面升降。台面需要定制长度，建议在 2 000mm～2 400mm，宽度 630mm；电源 200V～220V；灶台最大负荷 100kg。电动升降灶台架可以选装 2 000mm～2 400mm 长度的台面，由两个内置电动升降装置的柜腿支撑，高度可在 620mm～900mm 调整，调整幅度在 280mm，灶台下端安装长度 2 000mm～2 400mm 的安全触碰停止装置，下降过程中遇到障碍物或身体，会立即停止下降并回弹上升。

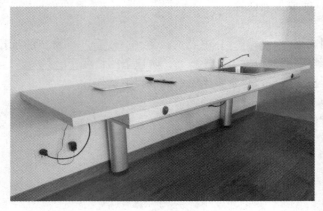

图 3-8 升降灶台

三、升降餐桌

升降餐桌（如图 3-9 所示）也称无障碍可升降餐桌，台面需要定制，最大负荷 100kg，电源 200V～220V；由两个内置电动升降装置的支架支撑，一个控制开关，可在 680mm～980mm 之间升降，升降幅度为 300mm；设安全触碰停止装置，调节开关可根据需要安装在不同的地方，桌腿设计保证了轮椅使用者的空间。

图 3-9 升降餐桌

四、燃气报警器

在墙面安装燃气报警器（如图 3-10 所示），当天然气泄漏达到一定的浓度时，会触发燃气报警器，并联动电话拨号报警器拨打报警电话，手机同时收到报警信息，在发生警报时和自动机械手联动还能自动关闭燃气阀门。

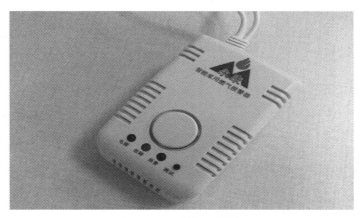

图 3 - 10　燃气报警器

同 步 训 练

通过网络或其他渠道了解还有哪些厨房可用的智能化设备，并对其功能进行详细介绍。

任务三

老年人卧室常用的智能化设备

卧室不仅是夜间睡眠的场所，也是一个人放松休憩的空间。为了让老年人能长时间愉悦地生活，应该考虑采光、通风、隔声等问题，同时，考虑到生活中有可能发生健康状态的急剧变化，对这方面的应对也是很重要的。

任务描述

学生 3～4 人一组，选择一名同学扮演老人，分别乘坐轮椅完成以下动作：开启床头灯→下床→坐轮椅→前往垃圾桶。

开床头灯：□无障碍　□有障碍，具体描述

下床：□无障碍　□有障碍，具体描述

使用助行器转移到轮椅：□无障碍　□有障碍，具体描述

_____。

从床到垃圾桶：□无障碍　□有障碍，具体描述

_____。

相关 知识

一、家庭呼救报警器

家庭呼救报警器由主机、紧急呼救按钮与 UPS 不间断电源组成，如图 3-11 所示。其功能如下：

报警功能：按动按钮发出呼救信号，可循环报警。

录音功能：预录 10 秒钟数字语音留言，向外发出语音求救信号。

鉴定功能：辅助鉴别现场真伪。

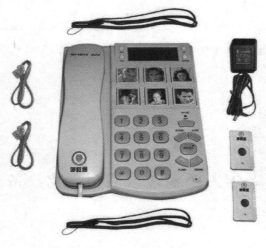

图 3-11　家庭呼救报警器

家庭呼救报警器可单独使用，也可输入 6 个联系电话。按钮式挂件可随身携带，无须走近电话，按动按钮即可呼救。家庭呼救报警器可与 120 急救中心、社区卫生中心等联网，完成链接式求助，适用于老年人家庭，特别是空巢老人家庭。

二、小夜灯

小夜灯可以根据室内的光线强弱自动启动开关，耗电量小，节能省电，无须操作，如感应式小夜灯。小夜灯用于夜间照明，光线柔和，可放置在卧室、门厅、卫生间等位置，防止老年人起夜时摔倒，适合老年人家庭使用，如图 3-12、图 3-13 所示。

图 3 - 12　小夜灯一

图 3 - 13　小夜灯二

三、电动护理床

电动护理床即电动控制、方便护理的床，见图 3 - 14。常见功能有背部升降、膝部升降、背膝联动、整体升降等，电动护理床一般两侧设有护栏，防止老年人坠床。电动护理床适合腿脚不好的老人。

图 3 - 14　电动护理床

有的护栏中间可以打开，从而辅助起身，具体程序为：让膝盖夹角<90°，让身体重心稳定后起床站立。随着床体升高，腿部无力的老人可以在介助护栏的帮助下，更稳定地站立，如图 3 - 15 所示。

图 3 - 15　辅助起身的护栏

此种护栏还可方便轮椅换乘，轮椅可以更近距离地靠近床边，让老年人能更方便地换乘轮椅，也降低了老年人在换乘时摔倒的风险，如图3-16所示。

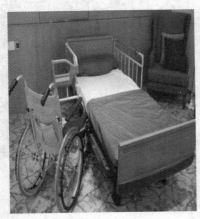

图3-16　方便轮椅换乘

有的电动护理床能达到20cm～30cm的低床位，其优点在于即使身材矮小者，也可以完全将脚后跟着地。即使不小心翻下床，低床位也可以有效减小坠床冲击。整床的高度调节，可适应不同高度的护理人员，使其以更轻松的姿势进行护理，同时也能有效缓解护理人员的腰部损伤，如图3-17所示。加上8cm的床垫后方便站立，如图3-18所示。

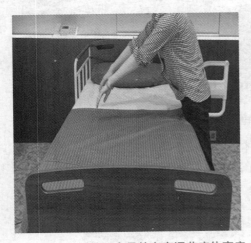
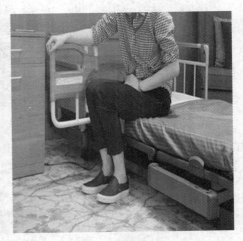

图3-17　根据护理人员的身高调节床体高度　　　图3-18　加上床垫后方便站立

四、智能垃圾桶

智能垃圾桶（如图3-19所示）由先进的微电脑控制芯片、红外传感探测装置、机械传动部分组成，是集机光电于一体的高科技新产品。当人的手或物体接近投料口（感应窗）25cm～35cm时，垃圾桶盖会自动开启，待垃圾投入3～4秒后桶盖又会自动关闭，人、物不需接触垃圾桶，彻底解决了传统垃圾桶对使用者存在的卫生感染的隐患，能有效减少各种传染性疾病通过垃圾进行传播和防止桶内垃圾气味溢出。

图 3-19　智能垃圾桶

同 步 训 练

通过网络或其他渠道了解还有哪些卧室可用的智能化设备，并对其功能进行详细介绍。

任务四

老年人卫生间常用的智能化设备

卫生间是老年人进行便溺、洗浴、盥洗的空间，对于老年人来说，卫生间的重要性不亚于卧室。卫生间在室内居住环境中也是最容易发生事故的地点，因其空间狭窄，功能繁多，如果空间布置不合理或设施装置不完备，很容易给肢障者、老年人带来危险，使其失去或部分失去生活自理能力。而无障碍设计在卫生间的应用可以帮助肢障者、老年人提高自理能力和生活质量，减少对他人的依赖，预防意外的发生。

任务描述

学生 3~4 人一组，选择一名同学扮演老人，分别乘坐轮椅完成以下动作：开门进厕所→到达马桶前坐下→如厕完站起→走到洗手台前。

开门进入：□无障碍　□有障碍，具体描述

使用助行器开门出门：□无障碍　□有障碍，具体描述

坐下如厕：□无障碍　□有障碍，具体描述

_____

如厕完走到洗手台：□无障碍　□有障碍，具体描述

_____

相关 知识

无障碍淋浴椅（如图 3-20 所示）也称全方位可调沐浴椅，专为老年人、儿童、残疾人士设置，扶手、座椅、靠背可同时进行调整，也可以各自独立进行调整，达到无障碍空间及个人舒适度的要求。淋浴椅两侧可简易地调整上下高度并折叠起来，使淋浴体验更为愉快。

电动升降马桶（如图 3-21 所示）配备有遥控器，用户可根据需求自由调整高度，升降马桶配备有标准的操作面板及冲水按钮。电动升降马桶可承重 200 千克，马桶的高度可在 425mm 至 725mm 范围内调整，方便坐轮椅的老人使用。

图 3-20　无障碍淋浴椅

图 3-21　电动升降马桶

智能升降洗漱台（如图 3-22 所示）也称升降洗脸台，通过调节洗脸台的上下高度，可方便老人及身心障碍者以站姿或乘坐轮椅时使用，高度调节范围为 670mm 至 970mm。

图 3 - 22　智能升降洗漱台

同 步 训 练

通过网络或其他渠道了解还有哪些卫生间可用的智能化设备，并对其功能进行详细介绍。

项目四

适老化居家环境设计
与改造实例

适老化居家环境设计需要综合考虑户型特点、色彩、灯光、家具、材料以及功能细节等多方面因素，要符合老年人的人体尺寸和生活习惯，给老年人营造安全、便利、舒适的生活氛围。

（一）一居室设计案例

1. 韩国顶级的养老公寓——The Classic 500

The Classic 500 项目位于首尔市汉江以北广津区紫阳洞，与富人聚集的江南区一江之隔，紧邻韩国知名大学建国大学，且附近有地铁 2 号线和 7 号线，因此不仅交通方便，周边方圆 500 米内还遍布乐天百货、乐天影院、易买得超市、艺术中心等，生活极为方便。

The Classic 500 有 A、B 两栋老年公寓，分为两种户型，均为 184 平方米（专用面积约 125 平方米）的一居室套间，如图 4-1、图 4-2 所示，因而每个房间面积很大，有大量的储物收纳空间，避免给老年人临时居住的印象，强调家庭居住功能。

老年公寓的内部装修设计，如图 4-3、图 4-4、图 4-5 所示，以沉稳色调为主，地面平整，避免老年人磕碰摔倒，也方便老年人使用轮椅。房间内设有紧急呼叫铃，在老年人发生意外需要帮助时服务人员能第一时间赶到。

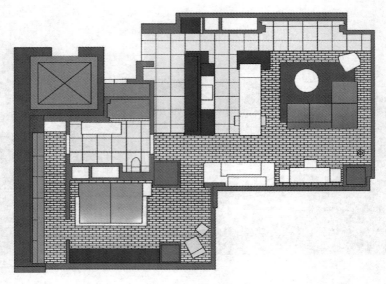

图 4 - 1　The Classic 500 养老公寓户型图 1

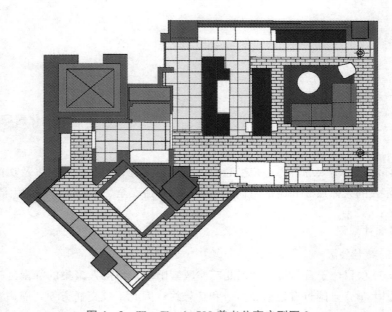

图 4 - 2　The Classic 500 养老公寓户型图 2

2. 椿萱茂老年公寓

椿萱茂老年公寓的一居室套间以沉稳的木色为主，沙发布艺和床品窗帘等以碎花图案为主，给人温暖、平凡、温馨的家的感觉，如图 4 - 6、图 4 - 7 所示。

适老化设计主要体现在以下几个细节（见图 4 - 8）：卫生间马桶的冲水按钮与马桶本身颜色不同，方便老人辨认；马桶旁边和沐浴处，以及卧室和客厅的墙上都设有扶手方便老人抓扶；配置的家具都有倒圆角的设计，避免老人磕碰受伤。

图 4 - 3　The Classic 500 养老公寓室内环境图 1

图 4 - 4　The Classic 500 养老公寓室内环境图 2

图 4 - 5　The Classic 500 养老公寓室内环境图 3

图 4 - 6　椿萱茂老年公寓室内环境图 1

资料来源：椿萱茂官方网站。

图 4 - 7　椿萱茂老年公寓室内环境图 2

资料来源：椿萱茂官方网站。

图 4 - 8　椿萱茂老年公寓适老化设计细节

资料来源：椿萱茂官方网站。

（二）二居室设计案例

该套型为大约 90m² 的两室两厅一厨两卫的户型空间，是按两代人共同居住设计的完全共居型户型，如图 4-9 所示。客厅、厨房、卧室、阳台之间的巧妙连接形成"洄游动线"。"洄游动线"不仅有助于丰富室内空间，还为老年人提供了室内空间联系的多路线选择，同时对改善户内通风采光，增进视线、声音的联系具有重要意义。

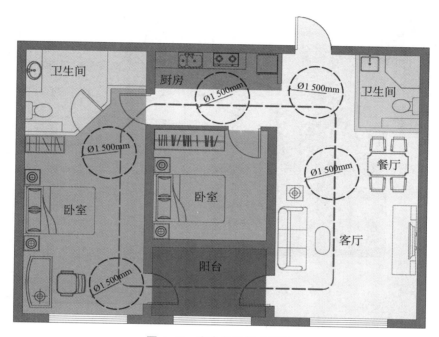

图 4-9　完全共居型户型图

资料来源：山合木易规划设计院。

部分老年人由于身体疾病或身体虚弱等原因，需要借助扶手或轮椅代步，因此户内空间设计应保证轮椅在住宅内可以顺畅通行，同时重点部位需保证有足够空间供轮椅回转，要预留直径不小于 1 500mm 的回转空间。

（三）三居室设计案例

该套型为大约 140m² 的三室两厅一厨两卫的半邻居型户型，如图 4-10 所示，从空间布局上看，老年人和子女的居住空间独立性更强一些，老年人卧室与子女卧室以客厅分隔开。老年人卧室与客厅、阳台之间的连通也形成了"洄游动线"。卧室与阳台相连，有足够的空间供老年人活动，如种植花草、晒太阳等。

（四）室内空间环境设计

客厅是老年人与家人聊天、待客和看电视的场所，应保证良好的自然采光和通风，营造开敞明快、亲切温馨的氛围。门窗采光面积要大，除一般正常照明以外，还应增加局部照明，方便老年人看报、打电话。家具的摆放不要被主要交通动线穿越，以形成安定的区域，如图 4-11 所示。

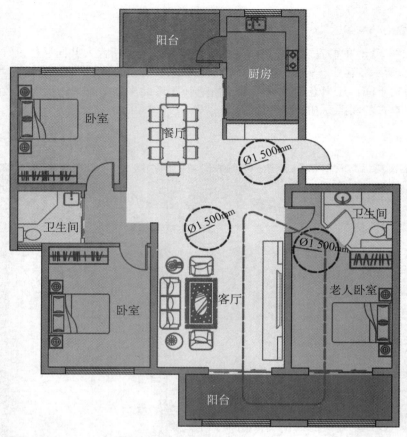

图 4 - 10　半邻居型户型图

资料来源：山合木易规划设计院。

图 4 - 11　老年公寓客厅效果图

资料来源：品质生活适老家居官网。

此案例采用浅木色系新中式风格家具，既稳重大气又不显得呆板沉闷，浅木色映衬得整个空间敞亮、明朗，营造出清新、淡雅、温馨的感觉。电视柜与茶几之间预留出宽敞的走动空间，单人座旁边摆放与扶手齐高的茶几，便于老年人放置小物件。

门厅在住宅中所占面积不大，但是使用率高，老年人进出需要在门厅完成一系列动作。如图 4-12 所示，门厅除要满足更衣换鞋等基本活动的空间需求外，还应保证有足够的通行宽度，方便轮椅通行，地面材质要耐污、防滑。可将鞋柜下部留出高度约 300mm 的空档用于放置常穿的鞋子，避免鞋散乱在门厅空间内，将老人绊倒。

图 4-12　老年公寓门厅效果图

资料来源：品质生活适老家居官网。

阳台主要是供老人晒太阳、锻炼以及收拾杂物的场所，对老人身心健康有着重要意义。考虑到老人行走的安全性，应尽量消除或减少阳台地面与室内地面的高度差；同时为方便轮椅通行，阳台进深应大于 1 500mm。在满足采光需求的前提下，阳台可适当添置吊柜、储物柜、挂钩等来满足储物功能。

在老年人住宅中，可将洗衣和晾衣功能集中设置在阳台上，见图 4-13，减少老人多次、反复的走动，并避免房间内地面被沾湿，导致老人滑倒；洗衣机旁宜设洗涤池，便于老人清洗小物，也方便老年人浇花时就近取水，充足的阳光和绿色植物会给老人带来好心情。

一日三餐是老人生活的重要组成部分，除就餐以外，老人还会在餐厅做一些家务和娱乐活动，因此，餐厅是老人日常生活中使用率较高的场所。

餐厅应靠近厨房，方便老人上菜及收放餐具，而且要保持餐厅与厨房之间的视线联系，便于在餐厅和厨房中活动的人能相互交流，了解对方的状况。餐桌下空档处的高度应保证人腿部及轮椅可插入，若有乘轮椅的老人，则为其留出用餐专座，专座的位置应方便轮椅进出。餐厅应有足够亮度，显色自然，便于老人看清桌上的菜肴。

除睡觉休息以外，老人还会在卧室进行阅读、看电视、做家务等活动，尤其对于卧床老人而言，卧室更成为日常生活的主要场所，老人卧室最重要的是安全性和舒适度。

图 4 - 13　老年公寓阳台效果图

　　老人床边应设较高的台面供老人撑扶，兼具储藏功能（如书桌、床头柜），宜有较大台面，以便放置水杯、眼镜、药品、台灯等物品；宜设置明格或者抽屉，供存放随时拿取的物品，并便于老人看清、翻找内部物品；床头还应设有紧急呼叫器，保证老人躺在床上伸手可及。老人卧室的进深应比一般卧室略大：可以为轮椅回转留出足够空间；可以满足老人分床休息的需求；可以在卧室中留出一块完整的活动区域。床与对面的家具或墙面应保持 800mm 以上的距离，便于老人及轮椅通行，如图 4 - 14 所示。

图 4 - 14　老年公寓卧室效果图

资料来源：品质生活适老家居官网。

　　卫生间空间有限但设备密集、使用频率高，老人在使用时容易发生跌倒、摔伤等事件，是住宅中最容易发生危险事故的场所，因此在设计时需保证其安全性、方便性。

　　老人使用的卫生间面积不能过大也不能过小，空间过大时，会导致洁具布置比较分散，老人在使用时动线太长，行动中又无手扶处，增加了危险性；面积过小时，通行较为局促，老人行动不自如，容易发生磕碰，而且造成轮椅难以进入，护理人员很难相助。

卫生间要做好干湿分离，避免老人因地面湿滑而摔倒。如图 4 - 15 所示，老人应使用坐便器，坐便器旁边设扶手，辅助老人起坐动作。淋浴喷头、浴缸旁边也应设 L 形扶手，辅助老人进出洗浴区域，以及在洗浴中转身、起坐等。

图 4 - 15 老年公寓卫生间效果图

二、适老化居家环境改造案例

（一）整体改造案例

1. 房屋整体情况

地点：北京。

房屋情况：70m² ，两室一厅，六楼，1998 年建造。

业主情况：委托人杜大妈和余大爷老两口。

业主请求：足够的阳台空间、方便护理的卧室空间和卫生间。

2. 老人身体状况评估

杜大妈生活能够自理，活动自如，精神状态评估良好，但患有高度近视和慢性胃病。余大爷精神状态评估良好，腿脚略有不便。老两口爱热闹，经常邀请老龄玩伴来家里下棋、唠家常。

3. 房屋状况评估

（1）户门向内开，进门非常拥挤，两个人都得相互避让，而且入户处光线昏暗，开门极不便利，见图 4 - 16。

（2）厨房陈旧，操作空间不足，厨房用具繁多但没有地方放置，空间利用不合理，厨房与门厅地面有高度差，存在绊倒风险，见图 4 - 16。

（3）起居室目前的总面积为 13.2m² ，起居室和餐厅中间有一块陈旧有年代感的玻璃隔断，使起居室显得不宽敞、不透亮；沙发和电视柜的位置摆放不合理；从起居室到阳台需绕过沙发，对坐在沙发上的人造成困扰，杜大妈眼神不好，随时有发生绊倒的危险，如图 4-17 所示。

图 4-16　改造前房屋入口及厨房照片

资料来源："适老宜居生活"微信公众号。

图 4-17　改造前客厅照片

资料来源："适老宜居生活"微信公众号。

（4）餐厅的杂物多，摆放凌乱，冰箱位置不合理，餐厅显得局促。如图 4-18、图 4-19 所示。在女儿不在家的日子里，老两口懒得折腾餐桌椅，经常是端着碗随便找个地方凑合吃一口，这给杜大妈慢性胃炎发生病变埋下了隐患。餐桌上摆放着各种瓶瓶罐罐，收拾后保持不了多久又恢复原样，没有收拾利落的时候。餐椅摆放位置和方向不便于使用，每次饭前饭后都需要重新码放椅子。

（5）起居室的南面有一个阳台，面积为 $4.2m^2$，窗户朝向南侧和西侧，平时就用来晾晒衣服、堆放杂物，阳台推拉门直接影响空间使用和采光要求。而且阳台的推拉门开启太吃力，推拉门边框

图 4-18 改造前餐厅照片 1

资料来源:"适老宜居生活"微信公众号。

图 4-19 改造前餐厅照片 2

资料来源:"适老宜居生活"微信公众号。

突出于地面,容易绊倒老人,想踏实坐着晒晒太阳都不易。老人希望能将这里变成一个喝茶、聊天、愣愣神的地方。

(6)有两间卧室,北侧的一间是 8m²,南侧的一间是 9m²。卧室宽度较小,电视视距小于 2m,对视力影响较大,书桌书架摆放不合理,太拥挤,上床休息也不方便。余大爷腿脚不大方便,卧室需要适当安装护理设施,帮助余大爷完成部分动作,减少对他人的依赖,改造的时候需要考虑既便于照顾又有独立的空间。另外,老人的女儿不在家住,两间卧室可以随老人心意各自安排;女儿一家子回来,也可以临时住一两宿。

(7)卫生间空间狭小,才 2.2m²,对淋浴区与洗面台柜影响较大,浴柜长期沾水易损坏,浴柜在里侧,不便于老年人使用。卫生间与餐厅之间的地面有高差,增加了老年人摔倒的风险。卫生间杂物凌乱,没有足够的空间放置卫浴产品和设施设备。空间狭小,干湿不分,洗澡时经常弄得到处都是水,给杜大妈增添了打扫的麻烦,再加上杜大妈眼神不好,打扫卫生不便,如图 4-20 所示。

图 4-20 改造前卫生间照片

资料来源:"适老宜居生活"微信公众号。

4. 设计师改进建议

(1) 入户门改为外开,有效利用空间。

1) 为了解决入户昏暗的问题,设计师建议在入户门的侧墙安装声控壁灯。

2) 门厅防盗门改为外开,方便出入,扩大内部使用空间。

(2) 重新规划两厅布局,打造阳光空间。

将原客厅与餐厅中间的隔断拆除,使之变成一个整体空间,变得更宽敞、明快;将电视柜和沙发换位,布局合理化,方便通行且动线轨迹明确;增设紧急报警按钮,以备不时之需,如图 4-21 所示。

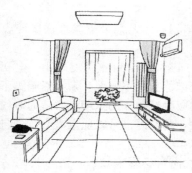

图 4-21 改造后客厅照片

资料来源:"适老宜居生活"微信公众号。

餐厅重新设置便于老人拿取物品的储物柜,摆放餐桌和餐椅,既能保证平时老人的就餐空间,又能使整体空间的动线轨迹不受阻碍。

（3）调整动线，更换家具，优化卧室功能。

北向卧室的床改为榻榻米，采用棕垫子，适合老人睡眠，设计一个整面墙的嵌入式轨道门衣柜，解决收纳问题，使原本较小的空间宽敞了许多，如图 4-22（左）所示。

南向卧室改变门的位置，使原本狭小的门厅动线更明朗，减少入户、厨房与客厅动线的交叉影响。设计一个整面墙的嵌入式轨道门衣柜，解决收纳问题，同时安装扶手等适老化设施和设备，如图 4-22（右）所示。

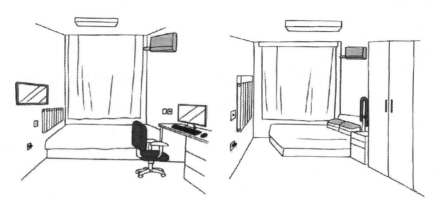

图 4-22　改造后卧室照片

资料来源："适老宜居生活"微信公众号。

（4）厨房操作更方便，更利于收纳。

为了方便杜大妈在厨房活动时，余大爷可以正常进出，厨房的平开门改为推拉门，解决门槛的高差问题的同时也节省空间，以免老两口相互磕碰。

根据杜大妈的测量评估数据，重新设计了整体橱柜的高度和进深尺寸，整体橱柜做成 L 形，设计师按照做饭的自然顺序，对橱柜活动区域进行了划分，将备餐区和炒菜区分隔，同时提高亮度，方便操作使用，还增加了收纳功能，整体视觉感受比较好。更换了大号方形水盆和优质配套水龙头，更换了抽油烟机，加装了燃气报警器，以便在汤溢出或忘记关掉燃气时，自动报警。

（5）卫生间改造地面，增加适老设施，既安全又便利。

原来卫生间没进行干湿分区，以至于地面总是湿湿滑滑，考虑到空间面积不够，无法设独立淋浴间，设计师建议在淋浴和坐便器之间加设隔断，地面设水槽，便于快速排水，保持地面干爽。

坐便器旁边增设扶手，淋浴旁边也增加扶手和坐凳，方便老人使用，保证老人安全。同时将卫生间原地面拆除，与餐厅客厅地面保持一致，使老人出入方便、安全，如图 4-23 所示。

（6）安装安全警报系统。

室内统一布线，在沙发、床、餐桌、橱柜、浴凳、坐便器周边安装户内紧急呼救按钮，按动警报器，在别的房间就可以听到警报声。并且在户门处预留布线，以备将来物业有紧急呼救处理的服务后，做相应的处理。

（二）局部改造案例

【案例一】

张爷爷，68 岁，下肢肢体障碍，在室内可以借助助行器简单行走，外出需要借助轮椅出行，老

图 4 - 23   改造后卫生间照片

资料来源："适老宜居生活"微信公众号。

伴负责照护。张爷爷的儿子张先生为了便于父亲出去活动，经常去公园逛一逛，特意为张爷爷购买了一辆电动轮椅。电动轮椅买回来之后在室内活动没有问题，在室外活动也非常好，但是屋室入口处的门槛和一楼楼梯处的四个台阶让张爷爷和老伴特别苦恼。

● 思考：

使用电动轮椅者遇到门槛、台阶应怎么办？

如何来解决一楼楼梯处的四级台阶造成的通行障碍？

● 案例分析：

门槛和台阶是乘轮椅者所面临的普遍问题，不论是在室内还是在室外，由于建筑环境的原因，一些老旧小区一楼普遍具有几级台阶，对上下楼的乘轮椅者来讲就是很大的障碍，进出都必须有人协助。由于现在防盗门普遍存在，常人注意不到的小门槛对乘轮椅者来讲是非常难以迈过去的槛。

根据张爷爷面临的情况，为其提供以下解决方案：（1）采用便携式的门槛坡道铺在门槛内外，可以让张爷爷乘坐电动轮椅直接进到屋内；（2）楼梯处的四个台阶则可以选用便携式的折叠坡道，既能满足张爷爷的使用需求，又不影响其他人的正常使用。

【案例二】

王爷爷，65 岁，半年前得了中风，在康复中心治疗了一段时期，目前处于相对稳定阶段，但仍然不能长时间站立，需要借助轮椅出行。以前王爷爷家住在没有电梯的四楼，因为中风特意换置了一套一楼的房子，目前由老伴来负责照护，房间很宽敞。但卫生间也没有安装扶手和洗澡椅，另外根据康复医生的建议，出院后依然要根据实际情况进行持续的康复训练。

● 思考：

中风后的患者在居家环境中需要注意哪些事项？

● 案例分析：

中风后的患者身体状况根据康复治疗的效果而不同，此案例中的王爷爷不能长时间站立，需要考虑他在家中坚持继续康复训练，在卫生间和走廊安装扶手辅助其站立和行走，洗浴间安装扶手和淋浴座椅，保证洗澡时的安全。

根据王爷爷家中的实际情况，考虑为其提供以下方案：（1）卫生间安装坐便器扶手、淋浴座

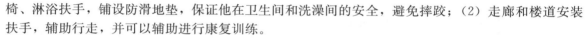

椅、淋浴扶手，铺设防滑地垫，保证他在卫生间和洗澡间的安全，避免摔跤；（2）走廊和楼道安装扶手，辅助行走，并可以辅助进行康复训练。

【案例三】

薛爷爷，85岁，腿脚不便，上厕所起身有些困难；老伴王奶奶，78岁，身体尚好，听力障碍严重。目前老两口自己住在一起，儿女不定期过来探望。王奶奶独自一人在家时常常听不到敲门声和电话铃声，影响生活质量，有时薛爷爷或其他人敲很长时间的门王奶奶才听到，对此老两口非常苦恼。

● 思考：

随着年龄的增长，老年人行动能力逐步退化，家居环境中应该注意哪些地方？

老年人听力衰退之后通过哪些产品可以解决老年人生活中面临的困难？

● 案例分析：

随着年龄的增长，身体的各项机能也逐渐退化，诸如肢体障碍、听力障碍、视力障碍在高龄老年人中较为普遍。针对肢体障碍者要考虑家居环境中走廊安装扶手、厕所安装扶手辅助起身和坐下，浴室考虑配置淋浴椅和扶手。听力障碍的老年人可以考虑为其配备可视语音闪光门铃、电话扩音器等。

针对薛爷爷家的实际情况，为其提供以下解决方案：（1）为薛爷爷配备洗澡椅、可折叠式马桶助力架（含扶手），卫生间铺设防滑地胶，保证薛爷爷在居家和卫浴空间的安全；（2）为王奶奶安装语音闪光门铃、电话扩音器，以此解决听力衰退给王奶奶带来的障碍。

【案例四】

王爷爷，65岁，住在农村，因为交通事故导致脊髓损伤，目前生活基本可以自理，但无论是居家还是外出均需依靠轮椅，老伴身体健康，目前二老居住在一起。居住环境为一个院落，卫生间为旱厕，居住区和厨房、卫生间不在一起，子女都在外地打工，不方便照顾，目前王爷爷主要靠老伴照顾，但白天老伴还要去做一些农活，因此做饭、洗漱、如厕等需要王爷爷自己独立完成，而且王爷爷也有这方面的意愿，但是目前的居住环境并不能满足王爷爷的需求，为此他们老两口很苦恼。

● 思考：

针对农村院落式的无障碍设计和改造需要注意哪些事项？

● 案例分析：

脊髓损伤患者伤后经过康复，根据实际情况患者的自理能力是不同的，像王爷爷这种除需要借助轮椅之外，只要居住环境能够满足他的需求，生活方面是基本可以实现自理的。

结合王爷爷家的实际情况，考虑为其提供以下解决方案：（1）在院落中增盖厨房一间、卫浴间一间，院落硬化处理，将院内有高差处做无障碍坡道处理；（2）厨房考虑设计低位灶台，并在灶台和洗菜池下方留出坐轮椅时腿部的空间；（3）卫生间考虑设计马桶，两侧安装扶手，洗手池下方预留空间，洗浴处设置高低可调的淋浴喷头，安装淋浴座椅，整个卫生间设计时应考虑轮椅回转和转移时的空间需求。

【案例五】

杨奶奶，62岁，后天性老年白内障导致视力基本丧失，和老伴住在一起，由老伴来照顾她。目前杨奶奶在家里可以自己自由活动，对家居环境较为熟悉，但烧水、做饭等工作一般还是由老伴来完成。在家里有时靠听收音机来打发时间，杨奶奶想在力所能及的情况下做一些家务，除此之外还想通过阅读更多的书来满足自己的精神需求，但是老伴没有太多时间给她读书。

● 思考：

对于视力障碍的老年人有哪些设备可以帮助其解决生活中面临的困难？

● 案例分析：

老年性视力障碍也是老年人群中较为普遍的一种障碍，玻璃体混浊、青光眼、白内障等各种原因都会造成老年人视力下降，严重的可能导致失明。目前有很多种助视器，如光学助视器和电子助视器可以帮助老年视力障碍者阅读、写字等。对于视力完全丧失的老年人则可以配置听书机、语音读屏软件、语音计算器、语音电饭锅等设备来解决他们生活中的困难。

根据杨奶奶的实际情况，考虑为其提供以下方案：为其配备语音电饭煲、语音电磁炉、语音热水壶等产品，使其在保证安全的前提下做一些力所能及的家务，另外为其配备听书机，可以让她在闲暇时刻充实自己的精神生活。

【案例六】

王爷爷，70岁，随着年龄增长，下肢活动出现障碍，目前和老伴住在一起，老伴身体状况良好。王爷爷在家需要坐轮椅，可以短时间站立起来走一段路。家中环境较为狭小，轮椅在回转和行进时经常碰到墙壁或墙角。卫生间较为狭小，卫生间门口有一个高30cm的台阶，而且门宽度较窄，每次进出都很不方便，尤其是晚上起夜的时候。对此，王爷爷老伴在照顾时显得有点力不从心，总是担心王爷爷摔跤，想把卫生间的地面改造得和室内地面无高差，但是由于建筑结构的原因又无法实现。

● 思考：

对乘轮椅的老年人来说，室内空间狭窄应如何处理？

部分室内地面高差无法消除或坡化处理的情况应如何解决？

● 案例分析：

对乘轮椅的老年人来说，室内的通行道路和回转空间是使用轮椅的必要条件，如果空间狭小，乘轮椅时会经常出现磕碰墙体或其他物品的情况，行进过程中还有可能碰到手，造成手部受伤。可以调整家具布局，扩大使用空间，在墙面和墙角部位安装护墙板和护墙角，既保护墙体，又能保护乘轮椅者。

根据王爷爷家中的实际情况，考虑为其提供以下方案：（1）重新调整家中的家具布局，留出回转空间，在通道的墙面和墙角处分别安装护墙板和护墙角；（2）在卫生间的门口增加一个小台阶，将原来的30cm的一步台阶变为15cm的两步台阶，同时在墙内外各安装一个垂直扶手，辅助王爷爷进出卫生间，马桶两侧安装扶手；（3）考虑在床边为王爷爷配置一个移动坐便器或坐厕椅，方便其起夜时使用，保证安全。

【案例七】

周爷爷，85岁，基本完全不能自理，体重大约85公斤，但意识清醒，可以进行简单的交流，和老伴住在一起，居住环境为独院，二层小楼，一层为客厅，二楼为卧室，目前完全由护工照护，儿女经常过来探望。为保证周爷爷居住环境安静和满足采光需求，仍旧让他居住在二楼，每次上下楼由护工背着，床、轮椅、沙发之间的转移都是靠护工抱着进行，上下楼和转移时有困难，而且存在安全隐患。为保证周爷爷卧床时不生褥疮，儿女为其购置了电动护理床，可以经常变换姿势。目前他们最大的苦恼是如何让周爷爷更安全地上下楼和转移。

● 思考：

对于完全不能自理的老人有哪些方法可以协助其在不同位置之间的转移？

如何解决乘轮椅者在没有电梯的楼房的上下楼问题？

● 案例分析：

对于完全不能自理的老人来说，位置的转移非常困难，单单依靠人工的抱和背是有很大的照护风险的。长时间的人工转移可能会造成护理人员的腰部等部位受损，也可能会对被照护者造成摔倒、骨折等二次伤害。因此，利用移位机可以大大减轻照护者的负担，同时也能保证被照护者的使用安全，目前常用的移位机有手推式电动移位机、天轨式移位机等，可以根据使用者的具体情况和家居环境选择合适的类型。对于没有电梯的楼房来说，上下楼对乘轮椅者是一个非常大的障碍，目前主要有电动爬楼机、座椅电梯、垂直式升降平台等几种形式辅助上下楼，可根据使用者的具体情况和环境现状选择合适的方式。

根据周爷爷家中的实际情况，考虑为其提供以下方案：（1）配备电动移位机解决其在轮椅、床、沙发、马桶等各个位置的转移问题；（2）配备一台电动爬楼机解决其上下楼困难的问题。

【案例八】

王爷爷，68岁，老伴李奶奶，66岁，两位老人居住在一起。老两口目前居住的房子是10多年前购置的，装修的时候身体还很硬朗，厨房是独立式的，有单独的门，卫生间安装有浴缸。由于老两口年龄越来越大，感觉进出浴缸不是很方便，而且还容易滑倒，想改造一下。另外，由于只有老两口在家，吃饭时还要把饭菜从厨房端到餐厅，来回较为麻烦，也想改造一下厨房。

● 思考：

老年人使用浴缸洗浴存在安全隐患，如何做好防护工作？

对于独居老人家庭来说，厨房设置成什么形式的较为方便？

● 案例分析：

泡澡可促进老年人的身体健康，但是保证进出浴缸和洗浴时的安全也是至关重要的，对于身体条件尚可的老年人来说，浴室地面和浴缸进行防滑处理、进出浴缸时安装扶手、浴缸内设置座椅等都是保护老年人洗浴安全的措施；对于行走有障碍的老年人来说，一般将盆浴改为淋浴，设置淋浴椅和扶手较为方便。当老人与儿女分开居住时，可设计开敞式厨房，也可设计小型吧台作为餐桌使用，避免老年人在就餐时来回在厨房和餐厅之间行走，既节省了时间，也避免了危险，同时两个人一起就餐也不会显得冷清。

根据王爷爷和李奶奶家中的实际情况，考虑为其提供以下方案：（1）将浴缸拆除，改为淋浴，安装淋浴座椅，安装浴帘，保证和卫生间干湿分开；（2）对厨房进行改造，将原有门口所在的那面墙打开，设计成开敞式厨房，设计小吧台，可以就近就餐，同时使老人享受烹饪给他们的生活带来的乐趣。

【案例九】

郑奶奶，70岁，下肢肢体障碍，目前居住在居民楼里，和儿子儿媳住在一起，楼房有电梯，但是一楼室外却有一个8个台阶的大楼梯，每次进出都需要儿子和其他人辅助把轮椅从楼下抬到楼上，或从楼上抬到楼下。郑奶奶起床时较为困难，如果没有人辅助的话，需要扶着床边和床头柜很费力气才能起身，郑奶奶的儿子想让郑奶奶更方便安全地起身，同时还需要解决室外大楼梯阻碍上下楼的问题。

● 思考：

有哪些产品和设施可以辅助老年人在床上起身？

较为普遍存在的居民楼楼门口的大台阶阻碍乘轮椅者出行的问题应如何解决？

● 案例分析：

对于老年人来说，随着年龄的增长，身体的各项机能也在逐步退化，在床上翻身起身这种看似简单的动作对部分老年人来说却很困难，目前有床边扶手、起身拉手、起身拉绳等不同产品可以辅助起身不便的老年人起身。针对楼梯门口 3～5 个小台阶的情况，可以考虑使用便携式坡道来解决，但是 6 个以上的大台阶，普通的便携式坡道已无法解决，应考虑建设固定式的水泥坡道或安装轮椅升降平台。

针对郑奶奶家中的实际情况，考虑为其提供以下方案：（1）安装床边扶手，辅助其起身；（2）在楼道台阶旁修建 1∶12 的水泥坡道，两侧安装安全挡板和护栏，中间按要求设置休息平台，并在显著位置设置无障碍标志，具体的形式和位置根据实际环境进行设计。

【案例十】

吕爷爷，65 岁，患有风湿性关节炎，目前和儿子住在一起。房子是一个复式楼房，楼梯呈 L 形，中间有一个转弯平台，平地上走路吕爷爷没有问题，但是上下楼梯对他来说很有难度，另外如厕时坐下和起身有困难。儿子目前想解决老人在家中上下楼的问题和如厕起身问题。

● 思考：

对于患下肢关节炎等肢体障碍的老年人，复式楼房如何解决上下楼梯的问题？

● 案例分析：

对于有关节炎、下肢机能退化的老年人来说，上下楼梯很困难，目前市面上有座椅电梯可以解决老年人上下楼的问题，形式有直线型和曲线型，可以根据楼梯的形状和具体环境选择合适的形式和颜色。

根据吕爷爷家中的实际情况，考虑为其提供以下方案：（1）安装曲线型座椅电梯，满足其上下楼的需求，既安全又方便，而且折叠之后很少占用楼梯空间；（2）卫生间安装坐便器扶手，淋浴间安装扶手，铺设防滑地垫，配置淋浴座椅，保证他在卫生间和洗澡间的安全，避免摔倒。

【案例十一】

王爷爷，75 岁，患有风湿性关节炎，平地上走路没有问题，上下台阶有困难，目前和老伴住在一起。王爷爷洗浴时比较喜欢泡澡，家里有浴缸，但是浴室出入口有 200mm 的高差，进出有困难，浴缸高度为 500mm，老伴想解决王爷爷的洗浴问题。

● 思考：

对于患下肢关节炎等肢体障碍的老年人，如何解决其上下小台阶的问题？

如何辅助其安全地进出浴缸并完成洗浴？

● 案例分析：

对于有关节炎等下肢机能障碍的老年人来说，上下小台阶很困难，根据王爷爷家中的实际情况，考虑为其提供以下方案：（1）在洗浴间的入口处安装垂直式扶手，辅助其上下台阶；（2）在进出浴缸处设置垂直扶手，并在浴缸内侧墙壁上设置 600mm 和 900mm 双层扶手，方便其在浴缸内和起身后使用，浴缸内最好配备洗浴坐凳。

【案例十二】

李奶奶，65 岁，目前和老伴住在一起。李奶奶脑中风后经过康复需长时间乘坐轮椅，之前家中的浴室为浴缸设计，而且浴室为外开门，门宽只有 650mm，洗浴时面临比较大的困难，老伴想解决李奶奶的洗浴问题。

● 思考：

乘轮椅的老年人对于门的宽度有什么要求？

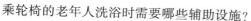

乘轮椅的老年人洗浴时需要哪些辅助设施？

● 案例分析：

对于乘轮椅的老年人来说，门的净宽度应≥800mm。根据李奶奶家中的实际情况，考虑为其提供以下方案：（1）将靠门一侧的墙体拆除，更换为推拉门（地面无高差），同时保证净宽在800mm以上；（2）将浴缸拆除，改为淋浴设备（花洒高度可调），同时配备淋浴座椅，安装扶手，地面进行防滑处理。

【案例十三】

王奶奶，66岁，身体健康，老伴杨爷爷，70岁，腿脚不大方便，需要借助助行器或轮椅行走。王奶奶经常参加社会活动，所以有时候需要杨爷爷自己在家里做一些简单的饭菜自用。目前家里的厨房为一字型布局，使用起来不是很方便，高处的东西王奶奶也不方便取放，杨爷爷自己坐轮椅也无法独自完成洗菜和做饭的动作，所以王奶奶想改造一下厨房，以满足他们的需求。

● 思考：

无障碍厨房的布局和设计应考虑哪些因素？

● 案例分析：

对于老年人来说，安全方便地使用厨房对于他们来讲非常重要，根据王奶奶家中的实际情况，考虑为其提供以下方案：（1）在地柜、洗菜池和灶台的下面留出空间来方便杨爷爷乘坐轮椅使用，同时保证轮椅回转的空间，灶台和洗菜池下方可放置活动的座椅，平时王奶奶做饭累了也可以使用坐姿做饭和洗菜；（2）可设置升降吊柜，方便取放吊柜中的物品，同时可以在吊柜下方安装高200mm、进深200mm的柜子，方便取放一些调料瓶等常用物品；（3）将原来放置在视线高度的微波炉放置在手边的操作台上，并且在侧面安装插座，方便杨爷爷一人在家的时候单独使用。

参考文献

1. 王小荣 . 无障碍设计 . 北京：中国建筑工业出版社，2011.

2. 周燕珉，等 . 老年住宅 . 2 版 . 北京：中国建筑工业出版社，2018.

3. 高宝真，黄南翼 . 老龄社会住宅设计 . 北京：中国建筑工业出版社，2006.

4. 李志民，宋岭 . 无障碍建筑环境设计 . 武汉：华中科技大学出版社，2011.

5. 中华人民共和国住房和城乡建设部，中华人民共和国国家质量监督检验检疫总局 . 老年人居住建筑设计规范：GB 50340 - 2016. 北京：中国建筑工业出版社，2017.

6. 住房和城乡建设部标准定额司 . 家庭无障碍建设指南 . 北京：中国建筑工业出版社，2013.

7. 李本公 . 中国人口老龄化发展趋势百年预测 . 北京：华龄出版社，2006.

8. 张恺悌，郭平 . 中国人口老龄化与老年人状况蓝皮书 . 北京：中国社会出版社，2010.

9. 马晓雯，杜佳敏，谢红 . 居家环境适老化程度评价体系的构建 . 中国护理管理，2017（2）.